LA LAITERIE.

BRUXELLES. — TYP. DE J. VANBUGGENHOUDT,
Rue de Schaerbeek, 12.

LA LAITERIE.

NOTIONS PRATIQUES

SUR

L'ART DE FAIRE LE BEURRE

ET

DE FABRIQUER LES FROMAGES.

MANIÈRE DE TRAITER LE LAIT ET LA CRÊME.
PROCÉDÉS DE SALAISON ET DE CONSERVATION DU BEURRE.
MOYENS DE REMÉDIER A LA RANCIDITÉ.

PAR

P. ARNOLD DE THIER,

Membre de la Commission d'agriculture de la province de Liége,
du Conseil administratif de la Société centrale d'agriculture de Belgique,
secrétaire de la section verviétoise de la Société de l'Est, etc.

BRUXELLES,

LIBRAIRIE AGRICOLE DE H. TARLIER,

RUE DE LA MONTAGNE, N° 51.

1855

LA LAITERIE.

CHAPITRE PREMIER.

Laiterie.

Chez les personnes étrangères à leur propre intérêt, une laiterie est fort souvent chose inconnue, car elles se bornent à déposer leur lait dans quelque chambre attenante à la cuisine, et souvent même dans une armoire placée dans l'endroit le plus frais de celle-ci ; et si on a une cave, tout s'y trouve pêle-mêle. Nous n'avons pas besoin d'insister beaucoup, nous semble-t-il, pour montrer combien cette coutume est vicieuse ; combien la température élevée, inégale, de cette pièce, combien les odeurs qui s'en exhalent, nuisent à la conservation du lait.

Il faut absolument une pièce affectée à la laiterie, au nord, s'il se peut, souterraine et voûtée, pour conserver toujours une égale température. Le voisinage des fumiers et des autres dépôts d'immondices doit être soigneusement évité.

Lorsque, malgré tous vos soins, il se déterminera quelque mauvaise odeur dans la laiterie, vous ôterez les vases à lait ; vous y placerez quelques plats d'eau dans lesquels vous aurez mis une ou deux cuillerées de chlorure de chaux ; vous les enlèverez au bout de quelques heures ; vous laisserez quelques moments les fenêtres ouvertes, et vous replacerez en toute confiance votre lait. Cette précaution, utile dans toutes les laiteries, l'est surtout dans la laiterie à fromage.

Un moyen peu coûteux et que *nous avons employé* fort longtemps avec beaucoup de succès, c'est une auge en bois, dans laquelle l'eau se renouvelle continuellement. Cette auge est fermée par un couvercle qui permet la libre circulation de l'air, et les vases qui contiennent le lait nagent dans l'eau fraîche. Le ruisseau ne se trouvant pas à proximité des bâtiments d'exploitation, nous faisions traire les vaches près de l'auge ; on coulait de suite la traite dans des vases de fer-blanc (élevés, à collets étroits), qui nageaient dans l'eau ; le lait nécessaire à la consommation de la ferme y était porté, et, chaque matin, le laitier prenait sur sa route et dans l'auge les vases qu'il portait à la ville.

Dans quelques localités, on se sert de cruches en terre et en cuivre. Nous préférons le fer-blanc et, quand on le peut sans inconvénient, les cruches en terre. (*Fig.* 1.)

Quand on ne porte à la ville que le lait de la traite qui vient d'avoir lieu, il faut le passer de

Fig. 1re.

suite et partir à l'instant même pour la ville, surtout dans les grandes chaleurs ; sans cette précaution, si la distance à parcourir est considérable, il se forme de petits morceaux de beurre dans le fond des vases et il y a un déficit considérable dans le produit de la vente.

Si l'on porte également la traite du soir, on la dépose en la coulant dans des vases à lait et on n'y touche plus.

Il est des auteurs qui disent qu'il vaut mieux laisser le lait de la traite du soir dans les *terrines*, et le distribuer le matin après l'avoir remué ; ils ont tort : nous en avons fait souvent l'expérience, et des fermières affirment que le lait traité de cette manière donne beaucoup moins de crème que celui qui ne l'a pas été.

Une précaution également fort importante, c'est de ne jamais mêler le lait de deux traites différentes. La laitière doit être d'une propreté rigoureuse, ainsi que les ustensiles dont elle fait usage, et il ne suffit pas que les ustensiles soient lavés et essuyés, on doit encore les exposer à l'air et les y laisser sécher.

Un très-grand profit dans une laiterie, c'est la *crème fraîche*, et si on savait en vendre de première qualité, il n'y a pas de doute que le débit en serait fort important.

En conséquence, voici deux excellentes manières de préparer la crème pour la table :

1° On verse le lait fraîchement trait dans un vase en bois, qu'on place dans de l'eau chaude. La chaleur hâte la séparation des parties butyreuses et séreuses. On soutire alors le lait, et la crème qui reste est un peu battue (1).

2° On laisse reposer le lait pendant vingt-quatre heures dans un vase de métal, puis on le place sur un léger feu de bois où on l'échauffe très-lentement. Après que le lait a été environ une heure et demie sur le feu et qu'on l'a amené presque à l'ébullition, lorsque les premières bulles s'élèvent, il faut immédiatement retirer le vase du feu. On laisse reposer pendant vingt-quatre heures, et la crème est alors si épaisse qu'on peut la couper au couteau. Le secret de cette préparation consiste à laisser monter quelques bulles sans laisser venir à ébullition.

Cette crème est celle à laquelle on ajoute du vin de Madère et du sucre, et qui est si recherchée pour les soirées, bals, etc.

On a écrit, et on le fait encore tous les jours, que l'excellente nature du lait et du beurre, sa saveur, sa couleur et sa consistance doivent être attribuées

(1) Si vous voulez augmenter la quantité de votre crème, vous ajouterez à votre lait, en le coulant, la valeur de deux verres d'eau froide en été, très-chaude en hiver, par quatre pintes de lait. On prétend que ce procédé altère la qualité du beurre; nous pouvons affirmer que non.

à la race des vaches et à l'effet des pâturages. Il y a du vrai dans cette opinion; mais nous soutenons qu'avec des soins attentifs donnés aux animaux et à leur habitation, on peut obtenir, même avec des pâturages de seconde qualité, un lait riche et excellent et d'une couleur agréable à la vue.

Pour obtenir ce résultat, les vaches aux pâturages ne seront pas exposées aux variations de l'atmosphère — vous leur ferez des abris — et elles seront placées dans des enclos d'une contenance proportionnée au nombre de têtes de bétail que vous possédez, car de trop grands enclos nuisent à leur tranquillité, à l'abondance de leur nourriture et à leur santé.

Les vaches nourries à l'étable seront étrillées chaque jour, et leur litière exactement changée; on leur évitera les moindres atteintes du froid; on les nourrira le matin d'herbages mêlés avec du seigle coupé en vert et du bon foin; puis on leur administrera une ample boisson un peu salée et blanchie avec du son et de la farine de son, ou, mieux encore, avec de la farine d'avoine et de pois. Dans le milieu du jour, on leur abandonnera un enclos, et à leur rentrée elles trouveront un repas tout à fait semblable à celui du matin, et pendant qu'elles le mangeront on procédera à la traite, *après avoir lavé leur pis.*

S'il pleut ou s'il fait froid, elles demeurent à l'étable, d'où elles sortent un moment pour être conduites dans la cour à fumier, où elles se vident; après quoi elles rentrent, se couchent et ruminent en attendant patiemment le dîner, lequel ressemble en tout point au premier comme au dernier repas (1).

(1) Nous pensons aussi qu'il *est nécessaire* que les vaches, même à la stabulation complète, prennent tous les jours de l'exercice. MM. Villeroy, Moll, Bixio, etc., sont également de cet avis.

Ici, nous croyons pouvoir conseiller l'usage de couvrir les fumiers au moyen d'un hangar.

Eloignez d'abord vos tas de fumier de l'habitation principale, placez-les de manière qu'ils soient à proximité des écuries, porcheries et bergeries, afin de pouvoir les mélanger avec le moins de transport possible. Formez une sorte d'aire recouverte d'une couche d'argile ou de mortier, afin que les sucs ne s'infiltrent pas dans la terre. Une inclinaison, mais assez légère, se pratique vers un côté, à laquelle répond une fosse enduite d'argile, ou mieux, murée, pour recevoir les eaux de fumier nommées *purin*. Autour de l'aire, et au pied du tas, vous creuserez un petit fossé propre à recevoir le liquide qui s'échappe du fumier et à le conduire à la fosse. Ce fossé sera protégé des eaux de la cour par une petite digue ou mur de 5 à 7 pouces de hauteur. C'est un peu plus d'ouvrage que vous n'en faites ordinairement, nous le savons bien; mais aussi, croyez-le, vous en serez récompensé. Vous abriterez ensuite vos fumiers par un hangar ou par des ormes, des mûriers — vos poules en seront enchantées — plantés à l'entour, *afin de maintenir une température uniforme et de retarder la dessiccation et l'évaporation des matières en fermentation.*

Faites attention que vos tas ne soient pas trop bas (il leur faut au moins 5 à 6 pieds) et que la chaleur ne s'élève pas dans le centre de la masse à plus de 28 degrés. Pour modérer cette grande chaleur, il est nécessaire de tasser le fumier autant que possible, *de ne jamais le remuer,* SELON UNE TROP FUNESTE HABITUDE, et de l'arroser abondamment tous les quatre à cinq jours avec l'eau du réservoir, ou, à défaut, d'eau pure.

Les eaux du réservoir seront saturées avec une

dissolution de sulfate de fer, ou de l'acide sulfurique, de l'*engrais économique*, ou du plâtre en poudre.

Enfin, nous terminerons ce chapitre par une citation prise dans un excellent petit ouvrage publié dans la *Bibliothèque rurale : du Choix des vaches laitières*, par J.-N. Magne :

« Les qualités du lait dépendent beaucoup de la qualité des aliments, du temps qui s'est écoulé depuis la mise bas, et du moment de la traite. Immédiatement après le part, le lait est toujours de mauvaise qualité, et il est d'autant meilleur qu'il est plus *vieux,* que la vache est plus éloignée de l'époque de la mise bas. A chaque traite, et pendant toute la durée de la lactation, celui qu'on tire en commençant de traire est plus aqueux que celui qu'on obtient en finissant. On remarque aussi que le lait s'améliore en séjournant dans ses réservoirs, et que les vaches qui sont traites une ou deux fois par jour le donnent meilleur que celles qui sont traites deux ou trois fois dans le même espace de temps (1).

« Les vaches qui sont nourries avec des aliments frais, aqueux, donnent un lait trop séreux, trop pauvre; celles qui prennent des aliments secs, durs, ont le lait peu abondant, mais de bonne nature : la crème cependant se sépare avec difficulté, à moins qu'on n'en facilite l'ascension par une douce température et en ajoutant dans le lait un peu d'eau tiède.

« Les vaches qui reçoivent une nourriture variée, passablement aqueuse, dépourvue d'odeurs et de

(1) La qualité du beurre peut être un peu moins bonne, mais la *quantité* en est fortement diminuée, disent nos fermières, et je crois qu'elles ont un peu raison. P. A. DE T.

saveurs fortes, ont un bon lait; celles qui prennent des aliments à saveur forte, des choux, des navets, des raves, des aulx, donnent un lait dont l'odeur et la saveur rappellent ces plantes. Les aliments oléagineux, les graines et les tourteaux produisent aussi un mauvais lait. On considère cependant, dans la Flandre, les tourteaux de colza comme produisant un beurre de bonne qualité.

« Enfin, on a observé plusieurs fois que, même les poisons minéraux, pris à trop petites doses pour nuire aux vaches et aux chèvres, se retrouvent dans le lait en assez grande quantité pour communiquer à ce liquide des propriétés malfaisantes.

« Toutes les causes qui font varier la quantité du lait : le travail, les boissons, la transpiration cutanée, en modifient aussi la composition et, partant, les qualités. En général, les vaches qui transpirent peu et donnent beaucoup de lait, le donnent moins bon.

« Le tempérament exerce une grande influence sur les qualités du lait, car de plusieurs vaches placées dans les mêmes conditions apparentes, nourries de la même manière, les unes donnent du lait meilleur que les autres; mais les causes qui déterminent ces variations sont inconnues, et nous ne pouvons indiquer aucun signe qui en fasse connaître les effets d'une manière certaine.

« Cependant, d'après M. Guénon, il existe un rapport entre la composition du lait et l'état de la peau qui recouvre le périnée : une peau douce, moelleuse, de couleur indienne, jaune safranée, laissant tomber quand on la frotte une poussière fine jaunâtre; un poil fin, souple, fourré, indiqueraient un lait de bonne qualité, riche en beurre.

« Nous avons eu occasion de voir plusieurs fois,

dit l'honorable M. Evon, des vaches bien marquées, mais dont la partie supérieure de la marque était bordée de poils grossiers et épais, qui donnaient beaucoup de lait, mais peu riche en crème, quoiqu'elles fussent nourries comme leurs voisines.

« Nous ne savons encore rien de positif sur ce sujet, bien digne d'occuper l'attention des observateurs.

« Nous ne connaissons qu'un moyen d'apprécier les qualités du lait, c'est de l'examiner. Le bon lait est d'un blanc très-légèrement jaunâtre et assez consistant : on peut en apprécier la consistance en le versant sur un corps solide en petites gouttes. D'un blanc bleuâtre et très-limpide, le mauvais se répand en nappes minces quand on le verse.

« Quelques personnes ont l'organe du goût assez développé pour apprécier le lait en le dégustant.

« Quant à la poussière qui adhère au périnée, et dont l'onctuosité, la finesse et la couleur jaune indiquent, selon quelques auteurs, un lait butyreux de bonne nature, nous n'avons jamais pu l'étudier; cependant, nous l'avons souvent essayé sur des vaches dont les qualités du lait nous étaient connues comme très-bonnes.

« La nature de la poussière enlevée sur la peau et l'état d'embonpoint des vaches pourront fournir un jour des indications sur les quantités de beurre contenu dans le lait; mais la science a besoin de faire encore sur ce sujet de nouvelles observations.

« On dit aussi qu'il se détache une matière de même nature du bout de la queue des bonnes vaches, et même des taureaux susceptibles de procréer de bonnes laitières ; nous n'avons jamais cherché même à en constater la présence. Si c'est un tort d'être incrédule dans cette circonstance, nous devons nous avouer coupable. »

CHAPITRE II.

De la cave à beurre.

Description d'une laiterie. — Usage du bois de sapin. — Des tinettes et des seaux. — Avantage de traire à l'étable. — Des terrines et vases à lait. — Effets pernicieux des vases en cuivre.

Nous ne donnerons pas la description d'une de ces caves que l'on rencontre dans presque tous les livres; il faut que tout ce que nous indiquons soit praticable et ne surpasse point les *facultés de la moyenne propriété*. Ainsi donc, si vous pouvez avoir une ou deux caves bien voûtées, bien dallées et ayant tout autour un petit canal pour laisser écouler les eaux après le lavage, et que l'on puisse chauffer, c'est tout ce que vous pouvez désirer.

Nous savons que l'on recommande une troisième place munie d'un fourneau économique, d'un évier, de tablettes et de crochets, et que là on lave et on fait sécher les ustensiles de la laiterie; mais les odeurs qui s'en exhalent peuvent faire du tort au lait déposé dans la cave à lait; et puis, comment employer facilement sur les fumiers les eaux sales et *graisseuses* qui se trouvent dans cette cave?

Les ouvertures ou soupiraux de vos caves seront d'un demi-mètre carré de surface, grillées, en regard l'une de l'autre et pouvant se fermer à volonté l'été et l'hiver. Quelques fermières intelligentes font également placer dans l'embrasure intérieure de la porte un battant en grillage qui permet de tenir la porte de bois ouverte, pendant l'été, toute la nuit, afin d'obtenir quelques degrés *en moins* que si la porte était fermée. Le plafond sera uni et blanchi à la chaux comme les murs, de manière qu'il ne s'en détache aucuns débris. — Si vous pouvez y amener de l'eau fraîche à volonté au moyen d'un tuyau, n'y manquez point.

On garnit ordinairement le pourtour de la laiterie de tablettes ou étagères sur lesquelles se placent les terrines ou les vases qui contiennent le lait; mais nous préférons des chevalets à étagères, parce que le lait des terrines ne subit pas les influences de l'humidité des murs en temps de pluie, etc. Ces tablettes et ces chevalets sont construits en bois de sapin que l'on fait raboter avec beaucoup de soin, et afin de les entretenir dans un état de propreté convenable, on les frotte avec du sable mouillé et on les lave à l'eau chaude savonnée une fois au moins la semaine. (*Fig.* 2.)

La cave à fromages doit être bien sèche et à l'abri de l'influence des grands froids. A cet effet, on y place également un poêle que l'on allume pendant les températures trop froides ou trop humides. Les tables, les planches des tablettes, etc., etc., doivent être lavées souvent.

Des auteurs recommandent le bois de chêne pour les étagères, les tablettes et les tables qui se trouvent dans une laiterie, sans songer que le lait aigre noircit le chêne, que des fromages encore

Fig. 2. — Laiterie.

frais, placés sur cette essence, deviennent noirs, et que les mains des personnes qui s'occupent de la laiterie, devant être constamment de la propreté la plus rigoureuse, se salissent — si elles sont un peu humides ou moites même — au contact de ce bois lorsqu'il n'est pas bien sec.

On peut néanmoins obvier à cet inconvénient en faisant *bouillir* les planches de bois de chêne— devant servir à des tables dans la laiterie — dans de l'eau de son contenant en outre des cendres de bois. Du reste, l'emploi du bois de sapin pour les tablettes, étagères, chevalets, est préféré à cause de sa légèreté, de sa blancheur et de sa facilité à être nettoyé.

Dans les petites fermes, ou en ville, chez les *nourrisseurs*, l'on n'a pas toujours un lieu convenable pour y placer le lait. Voici un moyen d'y remédier :

On choisit en été l'endroit le plus frais de la maison et on y fait construire une vaste armoire garnie de tablettes, de manière à pouvoir y déposer les terrines, et dont les panneaux de devant et les deux côtés sont garnis d'une toile métallique assez serrée pour que les mouches ne puissent la traverser. Les tablettes doivent pouvoir s'enlever facilement, afin d'être lavées et nettoyées une fois la semaine.

Aux Etats-Unis, nous avons vu pendant l'été placer dans ces armoires un gros morceau de glace.

En hiver, on peut transporter cette armoire dans l'étable des vaches; mais alors les portes seules sont en toile métallique, et nous pouvons affirmer que le lait ou le beurre ne contracte nullement l'odeur de l'étable, à moins d'avoir une de ces écuries sales, malpropres, mal aérées, dans lesquelles le bétail souffre et contracte des maladies. —Si l'étable n'est pas assez grande, on fait du feu dans la chambre où l'on conserve le lait.

Pour traire, d'aucuns se servent de baquets ou de seaux en sapin, en chêne, en fer-blanc. Il est plus avantageux de se servir de seaux de bois ou de fer-blanc, qui se nettoient facilement. (*Fig.* 3.)

Fig. 3.

Les *tinettes* à couvercle mobile, munies de deux douves opposées qui s'élèvent au-dessus des autres, et percées de trous ovales pour y passer la main— ou un bâton — servent à transporter le lait de l'étable à la laiterie, car ne trayez jamais dans les champs ; et voici pourquoi, nous le savons par expérience : —Lorsqu'il fait mauvais, qu'il pleut ou qu'il tonne, le bétail n'est point tranquille, se transporte d'une place à l'autre, cherche un abri, et alors, pour avoir plus tôt fini sa besogne, la fille de ferme ne trait pas toujours *à fond;* ce qui, vous le savez, est une véritable perte, puisque le dernier lait est le meilleur, et qu'il est à croire que la vache s'habituera à *retenir*. (*Fig. 4.*)

S'il fait chaud, au contraire, les animaux sont inquiets, gênés, surtout si le soleil est ardent et que les mouches les piquent. Il y a de nouveau perte de temps, et la traite se fait avec moins de régularité. Avez-vous des vaches turbulentes qui donnent du pied, les inconvénients se comprennent facilement, et dix fois sur une, la vachère perdra le lait qui se trouve dans le seau.

Fig. 4. — Cuvette pour le lait.

Ce n'est pas tout encore : le lait qui vient de loin, ballotté et mélangé en tous sens, se refroidit, perd en grande partie plusieurs de ses précieuses qualités, et, sans aucun doute, donne moins de beurre ; tandis que le bétail rentré à l'étable est plus tranquille, se laisse traire avec plus de facilité, ne désespère point les vachères qui, de bonne humeur, les caressent, les flattent et ne sont point portées à les malmener. D'un autre côté, le lait coulé dans la tinette est versé de suite tout chaud dans les terrines (1).

On nous fera ici une objection, nous le savons.

La vache en marchant — nous dira-t-on — accélère les fonctions du système de la respiration : elle aspire donc alors une plus grande somme de gaz oxygène qui, se combinant avec une partie du beurre renfermé dans le corps de l'animal, le quitte par la respiration, et, par conséquent, la richesse du lait que l'on trait ensuite en est diminuée.

(1) Dans une grande exploitation, on a une petite voiture suspendue dans laquelle on place les cruches.

C'est vrai. Mais les vaches dans la prairie, gênées par le froid ou par la grande chaleur du jour, s'inquiètent, vont et viennent, courent, se sauvent de la vachère qui arrive pour les traire, aspirent également une grande quantité d'oxygène, et le lait s'échauffant dans le pis, diminuant de volume et de richesse butyreuse, devient plus enclin à se gâter et à s'aigrir. Il y a donc plus que compensation à rentrer les vaches à l'étable, mais doucement, lentement; et au lieu de les chasser devant soi, on les accoutume à venir à la voix, ou à suivre la vachère comme un troupeau de brebis suit le berger.

Rentrées à l'étable, si la fermière est soigneuse et qu'elle veuille améliorer la qualité de son lait, elle fera donner à son bétail de la farine de pois, ou de féveroles, ou d'avoine, à la dose d'un demi-kilogramme par tête et par jour, humectée d'un peu d'eau mêlée de tourteau de lin.

Nous savons que ce n'est pas l'habitude; mais ce n'est pas une raison pour ne pas mieux faire que votre voisine, et dans toute industrie le véritable progrès n'est pas à dédaigner.

Malheureusement, si vous êtes obligée de traire loin de la ferme, ne vous servez ni de tinettes, ni de tonneaux placés sur une brouette, mais de cruches très-étroites par le haut, larges par le bas et que l'on ferme exactement au moyen d'un couvercle qui doit être de toute la longueur du goulot.

Les terrines que l'on emploie pour contenir le lait dans la laiterie sont en porcelaine, en bois, en grès ou en terre cuite. Presque partout elles sont en terre commune bien vernissée, et elles rendent plus de crème que celles en faïence, en bois ou en grès. En Angleterre et aux Etats-Unis cependant, on emploie généralement le fer-blanc, et les fermières paraissent les préférer à toutes autres.

Les terrines doivent être larges et peu profondes ; celles dont on se sert habituellement ne sont pas assez larges et elles *sont trop hautes*. Les plus convenables à la séparation de la crème ont $0^{m}47$ à la partie supérieure, $0^{m}15$ à la base, et $0^{m}11$ à $0^{m}12$ de haut.

Quelques fermières préfèrent les petites terrines, parce qu'elles peuvent écrémer plus facilement, disent-elles; mais elles perdent de la crème, car la chimie constate qu'elle se sépare du lait avec d'autant plus de facilité que les vases présentent plus de surface au contact de l'air. (*Fig.* 5.)

Fig. 5. — Terrines à lait.

Les terrines en bois, dont on fait usage dans quelques fermes, sont très-difficiles à se tenir propres. Quant aux passoirs, ceux en tissu métallique sont excellents.

Dans quelques localités, les vases à lait, seaux, etc., sont encore en cuivre. Malgré la plus minutieuse propreté, malgré l'attention de tous les moments, ils exposent à de grands dangers, et nous ne serions pas étonné que les maladies *qui ne pardonnent pas* et qui mènent lentement au tombeau tant de jeunes femmes, tant de jeunes filles dans la Campine, la Hollande et autres localités, n'aient leurs causes dans l'usage fréquent, à la cuisine et à la laiterie, de vases en cuivre.

Tous les vases et terrines seront toujours de la plus grande propreté et nettoyés aussitôt qu'ils seront vides; de temps en temps, il faut les faire frotter avec un bouchon d'orties fraîches au lieu de la lavette. L'eau avec laquelle on les lave doit être chauffée à part et non dans la chaudière à la vaisselle. En général, tous les ustensiles à la fabrication du beurre doivent être passés dans une eau de lessive bouillante, puis rincés dans de l'eau fraîche, et frottés avec une brosse ou un bouchon de paille. On les fait ensuite sécher au soleil ou au feu.

Ces eaux, ne l'oubliez pas, se versent dans la citerne aux urines ou sur les composts.

Dans le pays de Herve, après avoir bien lavé les terrines qui sont en terre cuite vernissée, on les fait bouillir dans une chaudière remplie d'eau, et puis on les rince à l'eau froide.

Aussitôt que le lait est tiré et passé, on le dépose dans les terrines qui sont placées sur les planches, et on l'y laisse en repos pendant un temps plus ou moins long, en ayant soin de conserver dans la laiterie une température modérée — 15 degrés centigrades.

CHAPITRE III.

Fabrication du beurre.

§ Ier. — Moyen d'augmenter la quantité de crème. — Ce qu'il faut de lait pour faire une livre de beurre. — Utilité des vaches de cinq à six ans.

Nous avons dit que lorsque le lait est tiré et passé, on le dépose dans la laiterie. Si vous voulez augmenter la quantité de votre crème, vous ajouterez à votre lait, en le coulant, la valeur de deux verres d'eau (froide en été, chaude en hiver) par quatre pintes de lait. La qualité du beurre n'en est pas altérée ; comment cela se pourrait-il, d'ailleurs, puisque par sa pesanteur l'eau reste dans le lait, et même dans la partie la plus basse? Il est vrai que le lait écrémé est moins bon et qu'il est difficile d'en faire de bon fromage ; mais si l'on a des veaux ou des porcs, ils s'en contenteront parfaitement : ce n'est donc pas une perte. — Une fermière nous a dit que pour augmenter la quantité de sa crème, elle verse dans ses terrines de l'eau dans laquelle elle a fait cuire ses pommes de terre.

Peu de personnes ont cherché à se rendre compte de ce qu'il faut de lait pour produire une livre de beurre : en lait de première qualité, c'est de 12 à 13 litres; cela peut aller jusqu'à 15 et 16. On sait aussi que cela dépend de la race et de la nourriture.

Nous saisirons cette occasion pour vous engager à n'avoir que des vaches qui ont fait 3 ou 4 veaux, et qui, par conséquent, sont à l'époque où elles donnent le lait le plus riche. C'est un point important et auquel on ne fait guère attention dans une laiterie à beurre; cependant il est bien certain que ce n'est pas toujours la vache qui donne le plus de lait qui fournit le plus de beurre. Voyez les races d'*Ayr* et d'*Alderney*, en Angleterre, par exemple : elles donnent peu de lait, mais elles fournissent généralement de 8 à 9 kilogrammes de beurre par semaine!

On fait le beurre de trois manières différentes :

1° Avec le lait frais.

2° On laisse cailler le lait et on met dans la baratte le caillé et la crème mélangés.

3° Avec la crème froide ou chaude qu'on lève de dessus le lait et que l'on met dans la baratte.

Examinons ces procédés.

§ II. — Beurre fabriqué avec du lait frais.

Ce procédé consiste à mettre dans un baquet le lait de la veille au soir et le lait chaud du matin; on les y laisse quelques heures, puis on les jette dans la baratte qui est toujours d'une très-grande propreté et au fond de laquelle on place, en hiver, quelques heures avant d'y verser le lait, un vase rempli d'eau chaude. Au sortir de la baratte, le beurre est soigneusement débarrassé de son petit-lait, en le coupant en tranches minces, le pétrissant et le lavant jusqu'à ce qu'il ne reste ni eau ni lait et qu'il soit réuni en masse. On le sale faiblement.

Ce beurre a un goût excellent, mais ne se garde pas longtemps.

§ III. — Beurre fabriqué avec le caillé et la crème mélangés. Méthode hollandaise et économique.

Généralement, on place le lait dans des terrines de différentes grandeurs, et au bout de quinze ou vingt-quatre heures on jette le tout dans la baratte. Lorsque le caillé a été bien brisé, l'on verse dans la baratte un cinquième d'eau chaude en hiver, un sixième d'eau fraîche en été.

Cependant, il arrive dans quelques fermes que, même en été, on est obligé d'y verser de l'eau chaude. — Cela tient, nous ont dit quelques vachères, à la nourriture, à la race des vaches et surtout à la stabulation complète.

A l'établissement de la Trappe, près de Hamont, dans la Campine belge, où l'on fait beaucoup de beurre en jetant le caillé et la crème dans la baratte, voici la méthode que l'on suit et que nous a fait connaître l'obligeant Père R....... :

Le lait est coulé et passé immédiatement, après qu'il est trait, dans des cruches larges par le bas et étroites par le haut, contenant de 8 à 12 litres; puis on y verse la valeur de deux gobelets d'eau froide en été, chaude en hiver, par 6 pintes de lait; après quoi, et au bout d'une heure, on *coiffe* les cruches de leurs couvercles. A la fin du deuxième jour, lorsqu'il ne fait pas trop chaud, on verse les quatre traites dans la baratte, et au moyen d'un manége auquel on attelle *une vache*, le tout est battu en même temps.

Dans quelques fermes, au lieu d'un manége, on se sert d'une machine à engrenage mue à la main ou par un chien. (*Fig*. 6.)

Lorsque le beurre est formé, et au sortir de la baratte, on le sépare du lait de beurre en le pétrissant dans de l'eau fraîche plusieurs fois; puis on le sale.

Quelques personnes ont écrit « que cette manière de butyrisation ne peut être avantageuse que dans les localités où le lait n'est pas de bonne qualité et qu'elle ne peut être mise utilement en pratique dans les bonnes localités herbagères, car le lait qui reste après le battage est acide et pour ainsi dire perdu. »

Nous pensons tout le contraire, et voici pourquoi :

Il est certain que nous ne fabriquons pas assez de beurre, puisque chaque semaine, sur tous nos marchés, il se trouve du beurre frais de la Hollande qui est vendu comme indigène et au même prix.

On ne dira pas que c'est parce qu'il est d'une meilleure qualité, car il est fait de lait caillé et de crème mélangés.

Aux marchés d'Aubel, de Herve, de Verviers, etc., on paye chaque semaine à la Hollande de 9 à 10,000 francs de beurre, quelquefois plus. Que n'achètent pas Bruxelles, Liége, Malines, Diest, Gand, etc. ! D'où vient donc qu'en Hollande, où la main-d'œuvre est presque au même prix que parmi nous, le beurre soit à si bon compte que les marchands puissent le revendre ici à bénéfice?...

C'est que le fermier hollandais calcule que si,

en effet, après sa fabrication il lui reste beaucoup de lait de beurre, il peut :

Fig. 6. — Machine à engrenage à battre le beurre.

1° En nourrir ses domestiques;

2° Le donner à ses vaches ou à ses veaux;

3° Engraisser des cochons en plus grand nombre que par l'autre procédé, et *par conséquent avoir plus de fumier;*

4° S'en servir au lieu d'eau pour faire du pain, qui, de cette manière, est plus agréable, plus nourrissant et se conserve plus longtemps.

5° Enfin, que le beurre est plus abondant.

Et voilà pourquoi il vend son beurre bon marché.

Quelques fermiers, en conséquence, pourraient trouver un bénéfice à faire du beurre par cette méthode. Ils n'auront pas, il est vrai, du lait écrémé; — mais, d'un autre côté, il y aura peut-être de bien grandes compensations.

Ce n'est pas tout encore : un éleveur nous a assuré que c'est à ce procédé que la Hollande doit l'élève du bétail à bon marché.

Au reste, il faut encore, pour obtenir du bon beurre, bien nourrir les vaches, ne pas laisser aigrir le lait, encore moins laisser aigrir trop fortement la crème.

Nous engageons donc nos lecteurs à faire quelques essais. Pour que l'économie soit bien entendue (c'est la seule fructueuse), il faut savoir distinguer les choses bonnes et utiles à introduire, d'avec celles qui ne seraient pas suivies de succès. Défiez-vous donc de l'enthousiasme des innovations, mais ne le repoussez pas aveuglément, c'est le seul moyen de réussir.

§. IV. — Beurre fabriqué avec de la crème froide ou chaude.

Aussitôt que le lait est tiré, on le coule dans les terrines déposées sur les tablettes, les étagères ou à terre (1). Comme c'est avec la crème seule que l'on opère, l'écrémage exige beaucoup de précautions. Si le temps est fort chaud, on laisse, pour faire du beurre très-fin, le lait en repos pendant huit ou neuf heures, en ayant soin de fermer les soupiraux et de jeter sur le carreau un peu de sel. Dans le cas contraire, on peut ne lever la crème qu'au bout de douze heures. Toutefois, nous ferons observer que le premier lait tiré est plus séreux que le dernier et a plus de consistance et fournit plus de beurre. C'est sans doute pour cette raison que dans des fermes importantes on trait les vaches dans trois seaux différents, afin de recueillir trois qualités différentes : l'une destinée à la fabrication du beurre, et les deux autres à la formation de deux espèces de fromages.

Il nous paraît ici fort intéressant de faire remarquer que le procédé qui consiste à séparer les diverses qualités de lait que l'on recueille dans les étables mérite d'être pris en sérieuse considération. En effet, si l'on fabrique dans certaines fermes du beurre de première et de deuxième qualité, pourquoi ne pas donner au *beurre marchand* tous les caractères d'une haute supériorité, en conservant les éléments de qualité secondaire pour fabriquer celui du ménage, ou s'en servir pour faire les

(1) Il est nécessaire de *passer* immédiatement le lait et de le verser le plus tôt possible dans les terrines, et non de le laisser refroidir avant de faire cette opération. Cependant, pour hâter la séparation de la crème, on entoure, et *seulement alors,* les terrines d'eau froide.

fromages? D'un autre côté, en adoptant ce procédé dans les bonnes contrées herbagères, il permettrait à la fermière de connaître facilement les bonnes et mauvaises qualités du lait, survenues par suite d'un changement de nourriture ou par suite d'accident dont les causes sont souvent inconnues faute d'indications suffisantes.

Quelquefois encore, le lait diminue sans raison apparente. Dans ce cas, nous nous sommes parfaitement trouvé du mélange suivant :

Soufre doré d'antimoine,	15	grammes.
Graines de fenouil,	90	»
Id. d'anethum,	90	»
Baies de genièvre,	90	»

Le tout étant bien pulvérisé et exactement mêlé, on en donne deux cuillerées par jour dans du son mouillé.

Pour procéder à l'écrémage, on s'assure si le lait est à point, c'est-à-dire si toute la crème est à la surface et forme un corps entièrement séparé du lait. La température la plus favorable à sa formation est entre 12 et 13 degrés centigrades, et l'on doit avoir soin que le lait ne se caille point. Il est très-facile de maintenir cette température; il suffit d'avoir un thermomètre. En hiver, si l'instrument descend au-dessous de 12 degrés, on ferme toutes les ouvertures, ou on chauffe au moyen du poêle dont nous avons parlé. Si, au contraire, on s'aperçoit qu'il y a plus de 12 degrés, on arrose le sol de la laiterie avec de l'eau fraîche. Quelques fermières, pour hâter la formation de la crème, ajoutent au lait une petite quantité de vieille crème; mais ce moyen n'est pas sans inconvénient.

Dans quelques pays, afin de saisir le moment où

la crème est à sa maturité, on plonge dans sa masse un couteau d'ivoire; si aucune portion de lait ne se montre à la surface, il est temps d'opérer.

Il existe un moyen d'atténuer, autant que possible, le goût rance que pourrait contracter la crème gardée trop longtemps : c'est d'y ajouter, au moment de la battre, plus ou moins de lait de la traite du jour. Ce procédé fort simple produit un bon effet.

Il vaut mieux peut-être écrémer par épanchement : on lève doucement la terrine, on place son bec sur une cruche, on souffle légèrement, ou on ouvre avec le doigt la crème vers ce conduit. Quelques personnes se servent d'une cuiller avec laquelle elles roulent la crème sur elle-même pour qu'aucune parcelle de caillé ne s'y mêle. Mais des fermières font écouler la totalité du lait en déchirant, avec le bout du doigt, la pellicule de crème qui se trouve près du bec de la terrine : la crème se trouve alors au fond de la terrine.

Nous avons vu des terrines en fer-blanc, à peu près plates, percées d'un trou formé par une vis, et par lequel on laisse écouler le lait jusqu'à ce que la crème se trouve en contact avec le fond des vases. — Ces terrines sont très-larges du haut, et on n'y verse du lait qu'à la hauteur de $0^{m}05$.

La crème étant levée sur un lait pur et sain, et non sur du lait provenant de vaches en chaleur, sur le point de mettre bas, qui viennent de vêler, ou qui sont malades, on la verse doucement et de suite dans une cuvelle en bois ou dans un grand vase de terre (1). Les vases de terre sont certaine-

(1) On a reconnu que lorsque les vaches sont avancées dans la

ment préférables aux vases en bois, mais on ne peut y placer un robinet qui sert à faire écouler de temps en temps le lait ou autres parties aqueuses qui pourraient être mélangées avec la crème.— On remue une ou deux fois cette crème avec une longue cuillère en bois et étroite d'entrée (1).

L'hiver, on place la cuvelle dans une chambre à la température de 23 degrés ou dans l'armoire à lait dont nous avons parlé.

On peut garder cette crème, en été, trois à quatre jours.

Pour avoir du beurre d'un goût très-fin et fort agréable, il faut, comme nous l'avons déjà dit, que la crème soit fraîche; on bat cette crème le jour même, et le beurre achevé, on le trempe dans *du lait frais*, afin de lui donner un moelleux que l'on distingue facilement (2).

Les fermières anglaises donnent, disent-elles, une plus longue conservation au beurre par le procédé suivant : — On ne trait les vaches que deux fois par jour, parce que l'on a quelques raisons de croire qu'en agissant de la sorte le lait est plus butyreux (riche). On passe le lait dans des terrines en fer-blanc, très-larges du haut et peu profondes, contenant de 15 à 20 demi-litres, et pendant vingt-quatre heures on n'y touche point. De bonne heure, le matin, on place les vases sur un

gestation, leur lait est difficile à former du beurre. Pour obvier à cet inconvénient, on a soin d'avoir le lait d'une vache fraîche pour le mélanger avec l'autre.

(1) En été, on place la crémière dans un endroit très-frais ; s'il fait très-chaud, nous conseillons de la mettre dans de l'eau sortant du puits, au moins une heure avant de faire le beurre.

(2) Les fermières à réputation, celles qui aiment à se faire un nom pour la bonté de leur beurre, trempent toujours leur beurre dans du *lait frais* avant de le porter au marché.

léger feu et on chauffe le lait très-lentement. Après qu'il a été vingt minutes sur le feu — il faudrait au moins une heure avec des vases en poterie — et qu'il a été amené à presque l'ébullition, on retire immédiatement le vase du feu et on le porte à la laiterie afin de laisser refroidir son contenu. On agit de la même manière pour tout le lait de la traite de la veille, et vingt-quatre heures après, on écrème au moyen d'une écrémoire ou d'une cuiller, et on verse cette crème dans une tinette pour de là la transvaser dans la baratte, en ayant soin, cependant, de faire écouler par un trou pratiqué au fond de cette tinette, la crème trop claire ou trop liquide qui s'y dépose.

Dans les grandes chaleurs, on chauffe, l'après-dînée, le lait trait le matin, et le matin celui de la traite du soir, et l'on *bat* tous les jours. En hiver, on fait le beurre trois fois la semaine.

Enfin, pour nous résumer, nous dirons que la température la plus favorable pour transformer la crème en beurre est entre 12 à 13° Réaumur. Par conséquent, si la crème n'a pas cette température, on approche la baratte du poêle, ou on verse un peu d'eau chaude dans la baratte, ou, mieux encore, on dépose pendant quelque temps dans la crème une bouteille ou une cruche remplie d'eau chaude et bouchée. On arrive aussi à obtenir cette chaleur nécessaire en rinçant la baratte avec de l'eau bouillante. En été, au contraire, on rince la baratte avec de l'eau très-froide, ou on verse dans la crème de l'eau fraîchement tirée du puits et on enveloppe la baratte de draps mouillés.

Dans quelques localités, pour hâter la conversion du beurre, on se sert de petit-lait, de vinaigre, d'eau légèrement salée, d'alun, d'essence de citron, et en Allemagne, dit-on, on jette dans la baratte une pièce de monnaie d'argent.

§ V. — Beurre d'Eping, de Devonshire et de la Hesse.

Voici encore deux différents procédés pour faire le beurre, qui aideront peut-être les fermières à améliorer cette importante industrie.

Dans les environs d'Eping, le lait, après avoir reposé vingt-quatre heures dans des terrines, est écrémé, et ce lait versé dans des terrines plus profondes. — C'est ce que l'on appelle doubler le lait.

Suivant la température et la saison, il y reste douze à vingt-quatre heures, et au fur et à mesure que la crème s'élève, on l'enlève.

Cette opération se fait deux ou trois fois.

On triple alors le lait, c'est-à-dire on le verse dans des terrines plus profondes encore, et on l'y garde aussi longtemps que la crème s'élève à sa surface.

La première crème est la meilleure et sert à fabriquer le beurre de première qualité; la seconde et la troisième, celui d'une qualité inférieure.

On délaite soigneusement, et les fermières d'Eping, comme les nôtres, versent dans la baratte un peu de crème acidulée, du jus de citron ou de la présure, afin de hâter le barattage.

Dans le Devonshire, c'est par l'eau chaude que l'on fait monter la crème.

Le lait reste douze heures dans les terrines; puis on met en contact ces terrines avec de l'eau chaude que l'on a versée bouillante dans une grande cuvelle faite exprès.

Vingt-quatre heures après la traite, on procède à l'écrémage, et s'il faut en croire les cultivateurs du pays, on obtient beaucoup de crème et par conséquent beaucoup de beurre. — 15 litres de lait auraient donné 2 1/2 litres de crème qui auraient produit 1 kilogramme 13 grammes de beurre ; tandis que la même quantité de lait mis dans un vase où la crème est montée à froid n'aurait produit que 2 livres 1/4 de crème qui auraient donné 1 kilogr. 2 grammes de beurre et par un barattage d'au moins une heure en plus.

Voici encore le moyen pratiqué par les fermiers hessois pour obtenir un beurre excellent :

Dans 24 litres de crème on met 4 litres de lait caillé et une demi-once d'*alun* réduit en poudre ; on remue bien le tout, que l'on chauffe jusqu'à ce que la masse soit tiède. On la laisse reposer, et lorsqu'elle est refroidie à 12 ou 15 degrés, on commence à la battre.

Il serait avantageux de faire quelques essais à cet égard, car cela est important.

§ VI. — De la baratte. — Système Fisher. — Baratte Valcourt. — Baratte à pistons. — Baratte américaine.

Le battage du beurre s'effectue à l'aide d'un appareil nommé baratte.

Il y en a beaucoup et de différentes formes.

Dans certaines localités, on emploie la baratte de forme cylindrique, un peu plus large en bas qu'en haut, qui a le précieux avantage de permettre l'entrée de l'air et de le voir se renouveler.

Quelque soigné que soit le travail, le tirage direct de la main est très-fatigant ; le lait ou la crème jaillit au dehors et une partie atteint les mains et coule de nouveau dans la baratte. A notre avis, on ne devrait l'employer que lorsque le travail se fait par un chien placé dans une roue qui elle-même en fait tourner une autre.

Ce moyen cependant est un peu coûteux, et nous pensons que lorsque l'on veut dresser un chien, il est préférable d'employer le système de M. E. Fisher. (*Fig.* 7.)

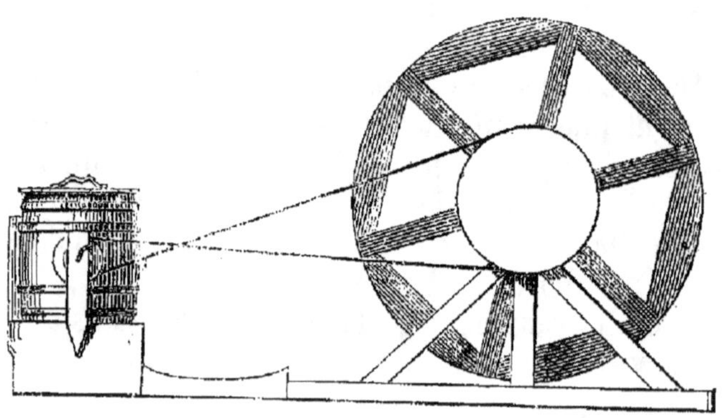

Fig. 7.

On peut voir que son appareil est simple, peu dispendieux, et qu'il ne faut pas énormément d'imagination ou d'adresse pour le construire. Toutes les barattes *rotatives* peuvent être mises en mouvement par ce système. La poulie qui est substituée à la manivelle doit posséder deux gorges : la plus forte correspond à la petite gorge de la poulie fixée à la roue; la plus faible correspond à la grande gorge de cette dernière poulie. On peut donc varier à volonté la vitesse du moulinet suivant qu'un chien a l'habitude de marcher vite ou lentement dans la grande roue de cloutier.

Lorsqu'on n'a pas de chien, on peut employer la machine à engrenage, dont nous avons déjà parlé, qui est également très-expéditive.

Une autre baratte très en vogue en France, c'est la baratte Valcourt, perfectionnée.

Le corps de cette baratte est un véritable baril que l'on pose et que l'on fixe dans un baquet destiné à recevoir de l'eau tiède en hiver et de l'eau froide en été, afin d'obtenir une température de

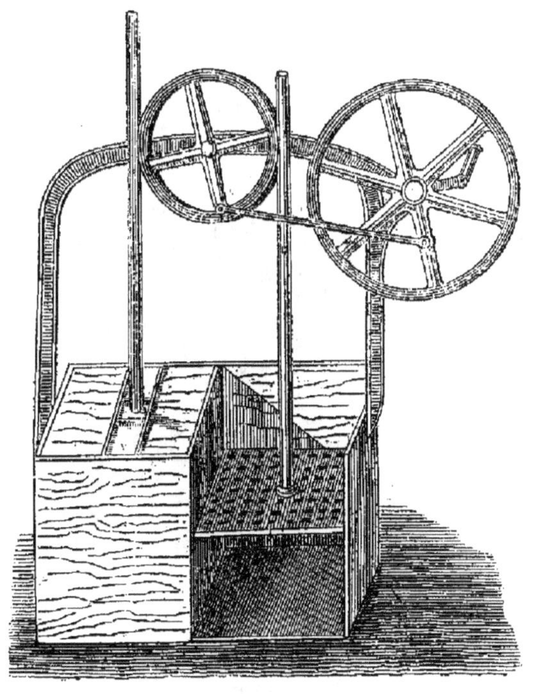

Fig. 8. — Baratte écossaise à pistons.

10 à 12 degrés, très-favorable à la fabrication du beurre.

L'établissement de Haine-Saint-Pierre fabrique une *baratte à piston* très-ingénieuse, mais elle est assez coûteuse. La *baratte américaine,* importée depuis peu en Europe, peut, pensons-nous, rivaliser avec succès avec toutes les barattes le plus en usage. « En huit minutes, dit un journal que nous avons sous les yeux, cette baratte a produit 5 1/2 livres anglaises de beurre avec 5 quarts — un peu plus de 6 litres — de crème, et aucune baratte, à notre connaissance, ne fabrique du beurre d'aussi bonne qualité. » (*Fig.* 9 et 10.)

Fig. 9.

Le corps de la baratte (fig. 9) est une caisse en bois; elle reçoit le mouvement rotatif par une manivelle. Une ouverture dans toute la longueur de la baratte, et que l'on ferme au moyen d'un couvercle glissant entre deux fortes rainures, sert à faire entrer *l'agitateur*, garni seulement de quatre ailes, ensuite à recevoir la crème, ou le lait, dont le volume ne doit guère dépasser, croyons-nous,

Fig. 10.

le centre de la baratte, c'est-à-dire l'axe qui la traverse et porte la manivelle. Les personnes qui remplissent davantage dépensent plus de forces sans économie de temps. Quand le beurre est bien pris, on ôte le bouchon qui ferme le trou ménagé à la partie inférieure de la baratte; on laisse écouler le lait de beurre et l'on verse sur le beurre de l'eau fraiche; on donne quelques tours de va-et-vient à *l'agitateur;* ensuite on lâche l'eau, que l'on remplace à quatre ou cinq reprises, en agitant chaque fois la manivelle, jusqu'à ce que le liquide soit parfaitement clair.

Un des avantages de cette baratte est donc de pouvoir *y laver* le beurre, qui, alors, n'a nul besoin d'être pétri entre les mains, ce qui, durant l'été, le rend mou.

La figure 10 représente l'intérieur de la baratte avec *l'agitateur* et comment il est construit.

En définitive, la baratte américaine rappelle la

Fig. 11. — Barattes ordinaires.

baratte Valcourt, moins le baquet que l'on remplit d'eau, et sur lequel se pose cette baratte; mais elle est moins chère et plus à la portée du petit cultivateur. Dans beaucoup de localités de la Belgique où ces barattes ne sont pas encore connues, on emploie diverses barattes dont les figures ci-jointes nous évitent de donner la description. (*Fig.* 11.)

§ VII. — Délaitage. — Coloration du beurre.

Au sortir de la baratte, on place le beurre dans de l'eau fraîche, et en le pétrissant soigneusement, le lait de beurre s'en sépare. On répète cette opération trois ou quatre fois en changeant l'eau, qui, si possible, sera une eau courante.

Cependant le beurre qui doit se vendre de suite est meilleur, a un goût plus agréable s'il contient un peu de lait de beurre; mais s'il doit se conserver, l'expression parfaite du lait de beurre est tout à fait indispensable. Le beurre bien fait se conserve dans un état frais une quinzaine de jours. Ce n'est que quelques heures après être sorti de la baratte, en été, et seulement le lendemain, en hiver, que cette substance prend toute sa saveur; c'est donc un mauvais système de *battre* le beurre au dernier moment, c'est-à-dire la veille (après-dînée) du jour du marché.

Quelques publicistes ont écrit que le lavage ne vaut rien; c'est une erreur : du lavage dépendent la principale bonté du beurre et sa grande perfection, surtout si la crème est un peu vieille. Moins le beurre est lavé, plus il est délicat, il est vrai, mais moins aussi il se conserve.

Pour lui donner cette perfection, suivez ce conseil, croyez-nous : —Il faut, aussitôt qu'il est pris, le pétrir dans son lait avec un pilon de bois; étant bien pétri, et n'offrant plus ni grumeaux ni vides, vous en décantez exactement tout le lait; vous recommencez à le pétrir encore à deux reprises pour en faire sortir tout ce qui a pu en rester, et vous l'égouttez soigneusement; vous mettez alors un peu d'eau dessus; vous le pétrissez de nouveau, et vous répétez ces opérations jusqu'à trois fois en renouvelant l'eau; à la quatrième, vous en mettez davantage et la laissez; ensuite vous prenez une cuiller en buis, que vous trempez préalablement dans le lait qui est sorti du beurre, pour l'empêcher de s'y attacher, et vous vous en servez pour le tirer de la baratte morceau par morceau, le pétrissant à mesure sur une assiette en bois, et le pressant, couche par couche, jusqu'à ce qu'il n'y reste ni eau ni lait et qu'il soit réuni en masse; vous le retournez alors sens dessus dessous et lui donnez avec la cuiller la forme que vous voulez; puis vous jetez de l'eau dessus pour le laver seulement, car il faut vous garder de la laisser pour le tenir frais : cette méthode hâte sa rancidité au lieu de la retarder. Généralement, dans le pays de Herve on lave le beurre avec de l'eau très-froide dans une tinette, tout en le pétrissant soigneusement avec les mains, en le retournant en tous sens et en exprimant avec le plus grand soin le lait de beurre. On soutient avec raison qu'il se lave mieux avec les mains.

Ici nous engageons fortement nos lecteurs à se servir d'un baquet sur trépied, construit exprès pour cet usage. (*Fig.* 12.) Une fermière soigneuse prend cette eau hors du puits.

Pour prolonger la fraîcheur du beurre, il faut le soustraire au contact de l'air et l'enfermer dans des vases en terre. Si le beurre est en mottes ou en pains, on les entoure d'un linge blanc de lessive ayant trempé dans du *lait frais*. Une fermière nous a assuré qu'elle trempait ce linge dans du vinaigre.

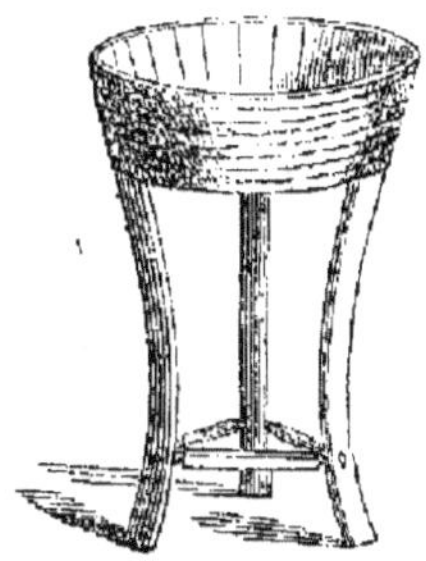

Fig. 12. — Baquet pour la préparation du beurre.

De toute manière, le linge doit être constamment humide. L'eau, en gonflant les fils du linge, garantit le beurre du contact de l'air, et en s'évaporant le repousse encore et entretient en même temps une fraîcheur salutaire. Nous répéterons ici ce que nous avons déjà dit : qu'il faut opérer le battage avec de la crème excessivement fraîche. Cependant, là où les herbages sont courts et doux, il est nécessaire d'ajouter de la crème acidulée à la crème fraîche, ou du jus de citron, quelquefois même un peu de présure. Le beurre se forme beaucoup mieux et en est meilleur. Mais lorsque les vaches sont nourries de racines ou d'herbages durs, ou de fourrages des prairies artificielles, plus la crème est fraîche, plus le beurre est parfait. Un moyen d'atténuer autant que possible le goût rance qu'a contracté la crème longtemps gardée, c'est d'ajouter, au moment de la battre, plus ou moins de lait de la traite du jour. Nous ajouterons encore que le beurre fait dans la matinée donne un cinquième et même un sixième de poids en plus que celui fabriqué plus tard; il réunit aussi plus de qualités et plus de saveur.

Voici encore un moyen de conserver le beurre frais pendant au moins une semaine. On prend du beurre frais que l'on place, en le prenant, dans un vase en terre, en porcelaine, en faïence ou en verre; puis on retourne ce vase, l'ouverture en bas et le fond en haut, dans une assiette à soupe remplie d'eau que l'on change tous les jours.

Pendant les grandes chaleurs, le beurre est ordinairement *mou;* pour l'affermir, il faut l'envelopper dans plusieurs doubles de linge mouillé, qu'on entretient tel, et le poser sur le carreau dans l'endroit le plus frais de la maison. Par ce seul procédé, au mois d'août, et le thermomètre marquant 25 degrés dehors, le beurre est resté aussi *dur qu'une pierre.*

Il arrive parfois, mais surtout à l'automne, que le lait n'a pas cette couleur jaunâtre que l'on aime à lui voir. On la lui donne en versant dans la baratte, et seulement au moment où le *beurre se fait,* deux cuillerées de jus de carotte pour un kilogramme et demi de beurre (1). — Si le jus est très-foncé, la dose est moins forte; au reste, la pratique apprendra à la fermière la quantité qu'elle doit mettre dans la baratte.

Les fleurs du souci (*calendula officinalis*), nouvellement épanouies, se cueillent par une fraîche matinée, se jettent et se foulent dans un pot de grès, bien clos et bien tenu dans une cave; au bout de quelques mois, elles se convertissent en une

(1) On prend des carottes jaunes fraîches, on les râpe soigneusement avec une râpe en fer-blanc, et l'on en exprime le jus au travers d'une toile forte et claire.

liqueur épaisse, d'un beau jaune, qui sert pour colorer également la crème avant de la verser dans la baratte. Il ne faut jamais employer à cet usage, comme on le fait dans quelques localités, la racine de buglose orcanette (*anchusa tinctoria*), ni des betteraves jaunes ou rouges, ni encore la cochenille.

Toutes ces substances communiquent au beurre une couleur jaune ou rougeâtre, mais peu agréable à la vue; aussi doit-on leur préférer le *roucou*, dont on met le soir, avant de faire le beurre, la grosseur d'un pois dans 30 à 40 livres de crème (1).

Les racines de persil, ainsi que le thym, la sauge, le cumin des prés (*carvi*), le fenouil et les baies de genièvre donnés aux vaches — une poignée pour cinq vaches — communiquent au beurre un goût fort agréable.

On recommande aussi pour cet usage les feuilles de céleri, que l'on conserve, en les salant, dans des tonneaux et que l'on mélange par petites portions dans les soupes de ces animaux. Elles servent également alors de condiments aux autres aliments et elles donnent un parfum au lait.

(1) Le roucou est extrait des graines d'un arbrisseau connu sous le nom de *roucouyer d'Amérique* (*Bixa orellana*). Le meilleur roucou est celui que l'on prépare à Cayenne et à Saint-Domingue. La préparation consiste à broyer les graines et à les mettre macérer à plusieurs reprises dans l'eau, où il faut les laisser séjourner environ 8 jours chaque fois, puis leur laisser subir un commencement de fermentation avant de les faire macérer pour la dernière fois. On réunit ensuite les liqueurs passées à travers un tamis, et on les place dans de grandes chaudières où elles doivent bouillir environ douze heures. La matière colorante, qui est une sorte de fécule, s'épaissit; on la laisse alors refroidir et on en compose des pains de deux ou trois livres que l'on fait sécher. Ce produit est d'un brun rougeâtre; il se trouve dans le commerce, et se débite soit solide, soit liquide. En l'employant liquide pour la coloration du beurre, il faut le dissoudre dans de l'huile d'olive ou d'œillette; quant il est solide avec la consistance du saindoux, celui-ci ou tout autre corps gras lui sert de véhicule.

§ VIII. — Salaison du beurre.

On a besoin, si l'on habite loin des villes, de conserver le beurre frais au moyen de la salaison.

En Turquie, pour le conserver, on le fait fondre immédiatement au sortir de la baratte et on enlève ensuite les écumes à mesure qu'elles sont formées. En le refroidissant et en plongeant les vases qui le contiennent dans une eau courante, ou de l'eau de fontaine bien fraîche, il résiste parfaitement à l'action de l'air et se conserve pendant deux ans.

En Angleterre, on sale généralement le beurre d'après le système du docteur *Anderson*. Il prend une partie de sucre, une partie de salpêtre et deux parties du meilleur gros sel; il réduit ces substances en poudre fine, il les mélange bien ensemble; puis il prend six décagrammes pour un kilogramme de beurre; il l'incorpore dans la masse qu'il presse ensuite dans le vase préparé, et il en égalise la surface au moyen d'un linge fin, propre, sec, coupé sur le diamètre intérieur du vase, et d'un second trempé dans le beurre fondu. Le docteur Anderson n'admet aucune sorte de saumure : pour fermer tout passage à l'air, il coule du beurre fondu le long des joints de chaque douve. Le beurre salé, dit-il, peut ainsi se garder plusieurs années: il supporte les voyages de long cours; mais un mois est nécessaire pour donner à sa préparation le temps de pénétrer les moindres parties de la masse. Ce beurre n'est pas cassant, mais il est moelleux, sans goût de sel et d'une fort belle couleur.

Le beurre sur le continent, que l'on sale au printemps pour la vente d'été, et en automne pour la provision, doit subir cette opération lorsqu'il est encore frais. S'il n'a pas été *fait chez vous*, à son arrivée on le lavera avec soin, puis on le partagera par gâteaux que l'on étend, roule tour à tour en les saupoudrant de sel bien sec. On en met en raison de 3 1/2 décagrammes par 1/2 kilogramme.

On préfère presque partout les pots de grès aux tinettes et barils de bois pour conserver le beurre.

Avant de se servir des pots de grès, on les lave souvent à l'eau bouillante dans laquelle on fait dissoudre un peu de sel. Lorsque le beurre est bien salé, on place au fond du pot ou de la tinette un *verre de cognac* et quelques feuilles de laurier, puis une couche de beurre que l'on foule exactement de tous les côtés et par couches successives jusqu'à 5 centimètres du bord du vase. Lorsque le beurre doit être transporté de suite, on égalise la surface du beurre et on la recouvre d'une couche de sel de 2 à 3 centimètres d'épaisseur. Si, ce qui est plus avantageux pour la conservation du beurre, il n'est pas nécessaire qu'il quitte de suite la ferme, on couvre la masse de beurre de saumure ou solution de sel dans une eau très-pure; au bout de cinq à huit jours, on décante (enlève) la saumure, on presse et foule de nouveau le beurre qui a diminué de volume, et on remplit le vase, en l'agitant lentement, d'une forte saumure. Cette saumure doit supporter aisément un œuf frais.

S'agit-il de transporter le beurre salé, on décante la saumure et on y substitue une couche de gros sel, tenu entre deux linges fort secs. Arrivé à sa destination, on rétablit la saumure.

On dit généralement que le meilleur beurre à saler est celui d'automne; cependant, nous avons fait saler en toutes saisons du beurre, et nous croyons pouvoir dire que nous préférons le beurre de printemps lorsqu'il est bien fabriqué et salé.

Un procédé que nous avons employé avec succès, que nous avions vu en grande réputation en Hollande, c'est de placer (au milieu de la masse de beurre) dans chaque pot de beurre, une longue racine de réglisse.

Pour l'usage de la marine, après avoir incorporé la poudre du docteur Anderson dans la masse de beurre, on le place dans des tinettes de bois, et sur la surface on applique un linge fin, très-propre et très-sec. On peut, si l'on veut, placer sur ce linge une pièce de toile trempée dans du beurre fondu.

Lorsque l'on emploie des tonneaux pour transporter le beurre, qui, presque toujours, prend alors un goût assez fort, parce que l'on n'a pas la précaution de faire perdre l'acide propre au bois neuf, on doit les remplir souvent d'eau bouillante qu'on y laisse refroidir : on frotte ensuite intérieurement les tonneaux avec du sel marin, et lorsqu'ils sont parfaitement nets et sans odeur, on coule un peu de beurre fondu tout autour dans le fond, dans la rainure faite aux douves pour recevoir ce fond, de manière qu'il offre un plan bien uni.

Employez toujours de préférence les pots de grès pour placer votre beurre salé. S'ils sont neufs, il faut les faire tremper dans l'eau froide pendant vingt-quatre heures, puis les plonger dans une lessive de cendres fines, et les y faire bouillir une heure : on les rince ensuite et on les fait sécher parfaitement.

§ IX. — Beurre de choux. — Beurre fondu. — Moyen de remédier à la rancidité du beurre.

Dans nos fermes, l'on ne connaît pas encore assez les ressources qu'offre la culture des choux.

C'est ainsi que dans le nord de la France, les cultivateurs retirent, assure-t-on, un beurre excellent fait avec le lait des vaches nourries à l'étable, avec les feuilles vertes et charnues des choux cavaliers (*brassica viridis*) et coupées lorsqu'elles commencent à se flétrir. Quelquefois on leur donne aussi la pomme de cette plante avant qu'elle ait atteint sa grosseur.

En Allemagne, où ce beurre est encore estimé, on assure qu'il a la propriété de se conserver très-longtemps frais.

On conserve le beurre en le faisant fondre quelquefois au bain-marie. Le docteur Anderson conseille de l'additionner, lorsqu'il entre en ébullition, de six décagrammes de miel fin par chaque kilogramme de beurre.

Lorsque le beurre s'altère, il devient fort rance, et il est souvent impossible de n'en tirer parti qu'en le mettant dans les lampes.

Cependant, on peut prévenir ce fâcheux état :

1° Soit en le mettant dans un chaudron bien étamé, avec deux fois au moins autant d'eau que l'on a de beurre à dérancir. Lorsque l'eau est assez chaude pour le fondre entièrement, on remue avec une spatule en bois afin d'incorporer l'eau, puis on ôte du feu et on laisse refroidir (1).

Après avoir enlevé le beurre qui s'est séparé de l'eau, deux, trois et même quatre fois, selon le plus ou moins de rancidité, on le replace dans le pot en y ajoutant un peu de sel.

2° Soit en le faisant fondre dans le double de son poids d'eau bouillante et légèrement saturée de

(1) A l'eau chaude on ajoute souvent du jus de carottes jaunes pour ôter le goût rance et donner une couleur dorée au beurre.

sel. On laisse refroidir lentement dans le vase que l'on plonge dans une eau courante, ou bien dans un mélange de glace et de sel. Au moyen de la spatule on perce une petite portion de beurre et on décante l'eau qui se trouve assez blanche, ou on lui donne issue par un bouchon placé dans la partie inférieure du vase. On réitère l'opération si cela est nécessaire.

Le beurre ainsi manipulé se conserve longtemps, et fort souvent il regagne toutes ses qualités primitives.

Dans les grandes fermes, où on fait fondre quelquefois beaucoup de beurre à la fois, on le met dans des pots en terre, que l'on place le soir au four après que le pain en est retiré ; le lendemain matin, on ôte ces pots, on écume le beurre et on le transvase dans ceux où on veut le conserver.

Nous avons également vu laver à grande eau du beurre rance, puis le pétrir parfaitement et l'exprimer entre les mains. On le mettait ensuite dans un chaudron sur le feu, en y mêlant du charbon concassé; on faisait fondre et bouillir le tout ensemble; on écumait selon le besoin, et lorsqu'il était à son point, on le retirait et on le passait au travers d'un tamis pour le débarrasser du charbon.

On remplit les pots de beurre fondu jusqu'à un pouce du bord; on le couvre d'une couche de sel, et on ferme hermétiquement les pots pour garantir le beurre du contact de l'air.

CHAPITRE IV.

Fromages.

§ Ier. — Présure.

La première opération, dans la fabrication du fromage, consiste à faire cailler le lait au moyen de la présure.

Quelle que soit la méthode que vous suiviez pour faire et employer votre présure, nous vous dirons que : 1° la présure liquide est préférable à la présure sèche, parce qu'elle se répartit plus uniformément et ne tache point le caillé; 2° qu'il est bon de saler l'eau dans laquelle on met tremper la caillette; 3° d'y ajouter soit des pétales de rose, soit de la mélisse ou autres épices, afin d'aromatiser légèrement le fromage; 4° que la dose de présure doit être moins forte en été, lorsque le lait est écrémé ou chauffé; 5° que trop de présure fait grumeler le caillé, rend les fromages durs, cassants, de peu de durée; 6° sa trop faible quantité, en rendant l'opération tardive, peut aigrir désagréablement le caillé d'où le petit-lait sort avec effort.

Pour préparer la présure, on fait choix d'une

caillette, c'est-à-dire de l'estomac d'un veau qui tette, et l'on en jette tout le caillé. On la lave à l'intérieur et à l'extérieur. On la sale fortement en dedans et au dehors, et on l'enferme dans un vase couvert. Quand elle a absorbé le sel, après trois jours, on la trempe dans l'eau-de-vie, puis on renouvelle la dose de sel réparti alors à l'état très-pulvérulent. On l'aromatise avec une poudre composée de poivre, 3 grammes; girofle, 2 grammes; noix muscade, 2 grammes. Au bout de deux ou trois jours, on expose la caillette dans un lieu très-sec et très-aéré. Quand la dessiccation est à moitié opérée, on découpe la caillette en lanières étroites ou en morceaux très-petits que l'on introduit dans un vase contenant 2 lit. 1/2 de vin blanc. A défaut de vin, on peut employer du petit-lait aigri clarifié. Ces deux liquides peuvent être remplacés par de l'eau commune à laquelle on a ajouté 5 centièmes d'eau-de-vie et 1 centième d'acide acétique. La proportion de sel dont le liquide se charge, doit être au moins de 8 à 10 pour cent. Après huit jours de macération favorisée par des remuages dans les premiers jours, on filtre, on ajoute quelques gouttes de jus de citron et on transvase dans des bouteilles bien closes que l'on conserve à la cave. La présure s'emploie après dix à quinze jours de repos. Une cuillerée suffit pour cailler, dans l'espace d'une ou deux heures, un volume de 6 à 7 litres de lait possédant une température de 22° à 24° Réaumur. C'est celle que l'on observe dans le lait sortant du pis.

Ou bien, prenez un demi-litre de bon vin blanc sec, un verre de vinaigre blanc, 15 grammes (une demi-once) de sel, un morceau de vessie de cochon sèche; mettez en bouteille. Vous pouvez rajouter du vin à mesure que vous en avez employé. Elle peut se conserver très-longtemps.

§ II. — Confection des fromages.

Nous ne parlerons pas des fromages généralement confectionnés dans le pays, parce que les procédés de fabrication en sont trop connus; ce que nous nous proposons, c'est de décrire la manière de fabriquer quelques fromages qui peuvent se vendre sur les marchés et alimenter les besoins de la marine.

Depuis quelques années, la demande des fromages de Herve est un peu plus considérable; nous en ferons donc l'objet d'une mention spéciale.

Pour obtenir le véritable *fromage de Herve*, on passe le lait aussitôt tiré, et dès que la crème est montée, on en prend une partie dont on fait du beurre; puis ce qui reste dans les terrines — *cramens* — vernissées; est versé avec le lait dans la tinette en bois blanc, fermée par un couvercle ayant un trou au milieu (fig. 4 pag. 20). Lorsque le liquide est reposé, on le caille au moyen de la présure, dont nous avons parlé. Le caillé est ensuite enlevé avec une grande cuillère en bois ou en fer-blanc, et l'on remplit de ce caillé des moules de forme carrée, de 60 centimètres de haut sur 15 de largeur. Le petit lait s'écoule alors par les trous de ces moules, et on y verse au fur et à mesure de nouveau du caillé, en soulevant de temps en temps le pot afin d'augmenter l'écoulement.

Au bout de deux ou trois jours, on sort les fromages des moules en les renversant sur un égouttoir en bois, un peu en pente et à bords relevés, et on les y maintient serrés avec des barres en bois et des coins que l'on enchâsse doucement au moyen d'un petit marteau de bois, et mieux encore avec la main. Deux ou trois fois par jour, on retourne les fromages après les avoir desserrés.

Le petit-lait, au moyen de cette pression, s'écoule entièrement des fromages, qui sont alors assez fermes; on les enlève ensuite de nouveau et on les place sur une table sans pente et à rebords. C'est sur cette table qu'on sale les fromages de Herve avec du sel gros bien pilé, en les frottant dans tous les sens. Au fur et à mesure de leur salaison, on place les fromages deux par deux, l'un sur l'autre. On répète le surlendemain la même opération, mais en les empilant cette fois quatre par quatre.

Dans quelques fermes, au bout de deux jours on lave les fromages avec de l'eau bien claire; dans d'autres, on les lave avec de la bière; puis on les porte dans une chambre au premier, qui sert de séchoir et qui doit être bien aérée. Là, on les place de champ sur des étagères en bois de sapin, en ayant soin qu'ils ne se touchent point. Au bout de dix à vingt jours, suivant la saison, ils sont bien séchés. Un point fort important, c'est de frotter tous les deux jours, avec la main et dans tous les sens, les fromages qui sont dans le séchoir; sans cette précaution, ils pourraient se couvrir de moisissure. Enfin, pour que les fromages soient de bonne garde, on les transporte dans une cave assez obscure et où il n'y a pas de courant d'air. Si on les dispose sur des étagères en bois, très-rapprochées les unes des autres et couvertes de linges mouillés avec de l'eau et un peu de beurre, en quelques semaines ils sont *faits*.

On conçoit que ces fromages sont plus ou

moins *bons*, d'après la quantité de crème laissée dans le lait que l'on fait cailler. Aussi, il y en a de trois qualités : ceux renfermant toute la crème; ceux qui ont été écrémés légèrement, et ceux qui ne contiennent qu'un tiers de la crème.

Les fromages de Herve s'exportent maintenant en très-grande quantité aux Etats-Unis, à la Havane et au Brésil.

Voici maintenant les conseils de Desmaret et de Thiébaud de Bernaud sur les procédés de fabrication du fromage façon *de Hollande :*

Lorsqu'on a obtenu le caillé par le procédé ordinaire, qu'on l'a bien malaxé et rassemblé en un seul bloc, on le comprime fortement dans une espèce de pressoir; le petit-lait s'échappe et en même temps une certaine quantité de crème, malgré tout le soin pris pour bien mélanger la pâte. Cette crème est tellement abondante dans le caillé, que lorsqu'on le rompt, on en voit plusieurs filets qui en découlent, et même quand le fromage a reçu toutes ses préparations, on la remarque encore par des veines blanches distribuées dans son intérieur. C'est une preuve non équivoque que le lait employé est fort gras.

A mesure que l'on pétrit le caillé, on le réduit en grumeaux très-fins, et on l'enferme dans des cylindres creux dont le fond est concave et percé de quatre trous, en ayant soin de le tasser fortement; puis on le met sous presse, après l'avoir couvert d'un couvercle cylindrique d'un diamètre plus petit que celui du moule : on le retourne et on lui fait subir une nouvelle pression. Dans cette situation, le petit-lait et la crème surabondante se dégagent encore par petits filets du pain de caillé, dont les grumeaux se rapprochent et se serrent de plus en plus;

ce qu'on reconnaît aisément par la diminution des yeux. Lorsqu'ils sont réduits à un certain point, le pain, devenu parfaitement homogène, se retire de dessous la presse; on l'enveloppe d'un canevas exactement bien sec, on le trempe dans une faible saumure, puis on le met dans un moule plus petit que l'on couvre, sur l'une et l'autre face, d'une couche de sel blanc; puis on l'enlève par un bain d'eau fraîche lorsqu'elle a exercé son influence; enfin, on soumet le fromage à l'action soutenue, durant huit à dix heures, d'une presse très-puissante. Après toutes ces manœuvres multipliées, on les porte au dépôt sur des planches, où on les retourne souvent. Quand le fromage est d'un beau jaune, on le vend frais.

Voici un autre procédé pour fabriquer le *fromage de Hollande*, dit *de Gouda*. Après avoir enlevé graduellement la plus grande partie de petit-lait, on verse sur le caillé un peu d'eau chaude qu'on laisse dessus pendant un quart d'heure. En élevant la température de l'eau et augmentant sa quantité, on rend les fromages plus fermes et plus durables. On achève alors d'enlever le petit-lait avec l'eau, et le caillé est placé et comprimé dans des formes de bois d'une dimension appropriée au fromage que l'on veut faire (cette forme est tournée dans un morceau solide de bois et a un trou au fond); on met dessus un rond en bois, et on le place dans la presse avec un poids d'environ 4 kilogrammes; là, il est retourné fréquemment pendant les vingt-quatre heures qu'il reste en pièce. Ce fromage est alors porté dans un cellier frais, et plongé dans un tonneau contenant de la saumure, le liquide ne s'élevant qu'à la moitié du fromage.

Pour faire cette saumure, on jette dans l'eau bouillante trois à quatre poignées de sel pour trente pintes d'eau, et on y plonge le fromage lorsqu'elle est entièrement refroidie. Après être resté vingt-quatre heures — au plus, deux jours — dans le tonneau à saumure, temps pendant lequel il a été retourné de six en six heures, le fromage est frotté avec du sel et placé sur une planche légèrement creusée et ayant au centre une petite rigole ou gouttière pour faciliter l'écoulement du petit-lait qui s'échappe et coule dans un petit tonneau placé à l'extrémité des tablettes pour le recevoir. On met environ 60 à 90 grammes de sel sur la partie supérieure du fromage, qu'on retourne souvent en imprégnant chaque fois de sel la face qu'on met par-dessus. Il reste ainsi sur la planche huit à dix jours, selon la température extérieure, au bout desquels on lave avec de l'eau chaude; on le râcle pour le sécher, et on le pose sur des tablettes où il est retourné chaque jour jusqu'à sa consolidation et sa dessiccation parfaites. La fromagerie est généralement tenue close pendant le jour; on l'ouvre le soir et de bonne heure le matin. (*Almanach agricole.*)

Les chemins de fer, par leurs rapides communications, font connaître bien des mets et des comestibles nouveaux à la plupart des habitants de notre beau pays. Qui n'a pas savouré avec plaisir le *fromage de Neufchâtel* dans un des nombreux restaurants de Paris?

Il est fort facile cependant d'en fabriquer. Il suffit d'ajouter la crème levée sur le lait du matin avec le lait *tout chaud* trait à midi, d'y mettre de la présure, de verser, quelque temps, après le caillé gras dans des moules de fer-blanc, petits cylindres de trois pouces de haut sur deux de diamètre et à jour.

On y tasse le caillé, on l'égoutte, et puis on renverse le moule. On obtient ainsi un bon fromage, que l'on enveloppe de papier joseph (gris) et qui peut se conserver pendant huit jours.

On en affine aussi pour la consommation d'hiver.

Dans les environs des grandes villes, on pourrait trouver, pensons-nous, un grand débit de ce fromage; ce qui serait un gain assuré pour le petit cultivateur. Il en est de même du *fromage à la crème* ou *de Vizy*.

Quelques ménagères en savent tirer un bénéfice; mais beaucoup ne connaissent pas exactement la méthode. Mme Celnart conseille de présurer le lait lorsqu'il vient d'être trait, puis de couler le caillé dans un moule en forme de cœur. On fait porter à la ville ces fromages dans les moules et enveloppés de leur linge. Et lorsqu'ils sont vendus, on verse dessus et autour de la crème levée le même jour. Au moment de présurer, si l'on veut que le fromage soit gras, on ajoute au lait chaud de la crème fort fraîche.

Ne voulant pas laisser ignorer aux ménagères tout ce qui peut augmenter leur aisance, nous leur donnerons encore la recette d'avoir cette crème épaisse que l'on mange avec du sucre et du vin de Madère, et qui est d'une si grande délicatesse pour les gourmets.

On laisse reposer le lait pendant 24 heures dans un vase de fer-blanc ou autre métal, puis on l'échauffe très-lentement par un feu de bois. Après que le lait a été environ une demi-heure sur le feu et qu'on l'a amené presque à l'ébullition, on frappe de temps à autre avec le doigt contre le vase, en faisant soigneusement attention au moment où cesse le bruit qui précède l'ébullition. On laisse reposer pendant environ 24 heures, suivant que l'on désire plus ou moins d'épaisseur.

Tout le secret de cette préparation consiste à laisser monter quelques bulles sans laisser venir l'ébullition.

Pour faire le *fromage de Cheshire*, on unit au lait trait le matin toute la crème fournie par la traite du soir précédent ; on verse le tout dans un grand baquet et on y met la quantité suffisante de présure à laquelle on ajoute du jus de carotte. On tient le vaisseau couvert pendant une bonne demi-heure, après laquelle on brise et on presse bien le caillé pour en séparer le petit-lait. Lorsque le caillé paraît assez ferme, on y ajoute un kilogramme et demi de beurre frais pour environ cinquante livres de lait. On mêle ce beurre le plus exactement qu'il est possible avec les deux mains, puis on répand dessus un peu de sel que l'on travaille à incorporer dans toutes les parties. En cet état, on emplit les moules de caillé que l'on enveloppe d'un linge mouillé, pour le placer sous la presse ; après une demi-heure on le retourne, on change le linge et on presse un peu plus. On répète à plusieurs reprises ce triple manége jusque vers la fin, qu'il faut changer quatre fois avec du linge sec, en le retournant chaque fois et en le pressant fortement. Cette dernière fois, on le laisse durant quarante-huit heures ; après quoi on le retire. On le lave alors avec du petit-lait, on l'enveloppe d'un linge fin pour sécher ; on le retourne souvent, et on essuie exactement la place qu'il occupait. Le temps qu'il met à se sécher parfaitement dépend du volume ; mais dès qu'il est arrivé à point, on a un fromage riche, délicat, qui se conserve longtemps. Comme nous l'avons dit, il est coloré avec du jus de carotte ou bien avec une décoction de fleurs de souci.

Quelques personnes recommandent d'enfoncer dans le fromage que l'on retire du moule, des brochettes de bois qu'elles retirent, souvent afin de faciliter la sortie du petit-lait.

Elles échaudent les éclisses dans lesquelles elles pressent le fromage à chaque changement de linge; elles le laissent au pressoir quatre heures chaque fois avant de le retourner; puis au moment de le presser de nouveau, elles continuent à le piquer de temps en temps avec des brochettes plus fines que les premières.

Il y a deux manières de saler le fromage de Cheshire. Selon l'une, aussitôt qu'il sort de dessous la presse, qu'on l'a changé d'éclisses et de linge, on le plonge dans une saumure où il reste plusieurs jours, mais durant lesquels on le retourne au moins une fois par jour. D'après l'autre manière, on le sale sur les deux faces et sur les côtés pendant trois jours consécutifs, et on change deux fois le linge qui l'enveloppe. On le retire alors du moule et on

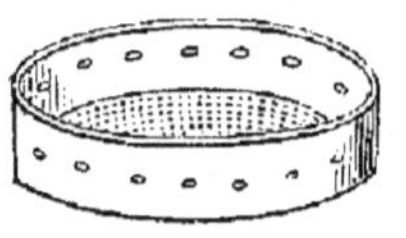

Fig. 13.

le met sur la planche à saler, où huit à dix jours de suite on le frotte de sel. Si le fromage est gros, pour l'empêcher de fondre et de couler, on l'entoure d'un cercle en bois (*fig.* 13), et en cet état on le plonge quelques instants dans du petit-lait chaud; puis on l'essuie avec un linge fin bien sec, ou on le met sécher durant une semaine; enfin on le porte au dépôt, où de temps en temps on le change de place ou on le retourne, et on l'oint de beurre frais. Cette manœuvre a lieu tous les deux jours en été, tous les quatre jours seulement en hiver.

M. Parkinson (*Treatise on live stock*, vol. I, ch. I, sect. 12) recommande de mélanger une faible partie de lait acide à la crème et au lait pur, afin d'empêcher les fromages de se fendre, et de les couvrir de rejetons de bouleau pour en éloigner les mites.

En général, il est avantageux de placer de la mousse ou du foin sur les planches sur lesquelles on fait sécher les fromages. Lorsqu'ils sont un peu durs, on remplace la mousse par de la paille.

§ III. — Maladies et ennemis du fromage.

Nous ne pouvons mieux faire que d'emprunter au *Cours d'Agriculture* de M. Scheidweiler les détails suivants sur les maladies et les insectes qui attaquent le fromage :

« Souvent il se détermine dans le fromage une espèce de pourriture accompagnée d'une odeur fétide, différente de celle du fromage fort et vieux, en même temps que la partie attaquée du fromage devient liquide et jaune. On prétend que cette pourriture est contagieuse pour tous les fromages renfermés dans la même chambre. Un pareil fromage attaqué doit être éloigné des autres.

« Plusieurs arachnides ou larves d'insectes vivent aux dépens des fromages et en accélèrent considérablement la décomposition, ou en diminuent la quantité disponible pour la nourriture.

« L'un d'eux est le hiron (*acarus domesticus*, *casei hiro*); il transforme la croûte du vieux fromage en une substance semblable à de la farine. Le fromage le plus exposé à cette détérioration est celui que l'on conserve dans un lieu trop sec. Brosser les fromages et les laver avec du vinaigre ou du petit vin, est un bon moyen pour faire disparaître les hirons. On doit en même temps recommander la plus stricte propreté des planches de la chambre à fromage, et les faire laver de temps en temps avec de l'eau bouillante, ainsi que recrépir les murs tous les ans avec de l'eau de chaux, au moment où il n'y a plus de fromages.

« Les autres ennemis des fromages sont les larves ou vers de la mouche putride ou du fromage (*tephritis putris*). Ces larves sont quelquefois si abondantes dans les fromages mous, qu'elles les rendent en très-peu de jours entièrement impropres à la nourriture. Elles se distinguent des autres larves qui se trouvent quelquefois dans le fromage, en ce que, quoique dépourvues de pattes, elles sautent avec une très-grande rapidité à des distances considérables, relativement à leur grosseur. »

FIN.

TABLE DES MATIÈRES.

CHAPITRE IV.

FROMAGES.

FIN DE LA TABLE DES MATIÈRES.

H. Tarlier, Éditeur, à Bruxelles.

BIBLIOTHÈQUE RURALE,

instituée par le Gouvernement.

Annuaire agricole 1855. 1 vol. avec tabl. statist. fr. 1 25
Manuel de culture, par M. Le Docte. 1 v. avec 30 gr. 80
Emploi de la chaux en agriculture. 1 vol. 20
Manuel de comptabilité agricole. 1 vol. av. tabl. 40
Manuel d'arboriculture. 2 vol. avec 205 grav. 1 55
Manuel de drainage, traduit de l'anglais de Stephens, suivi d'une notice de J. Leclerc. 1 vol. avec 88 grav. 1 10
Manuel de chimie agricole, par Johnston. 1 v. av. gr. 1 25
Manuel d'irrigation. 1 vol. avec 100 grav. 60
Choix des vaches laitières, par Magne. 1 v. avec gr. 40
Manuel du maréchal ferrant. 1 vol. avec 20 gr. 30
Manuel d'hygiène, par Sovet, médecin du roi. 1 v. av. gr. 75
Manuel forestier. 1 vol. avec grav. 30
Traité des engrais et amendements. 2 v. avec gr. 1 45
Traité des instruments d'agriculture. 1 v. 95 gr. 90
Culture des plantes oléagineuses. 1 v. avec grav. 35
Manuel de médecine vétérinaire. 1 vol. avec grav. 55
Les instruments d'agriculture à l'exposition de Londres. 1 vol. avec 43 grav. 55

Culture de la vigne et fabrication des vins en Belgique, par Joigneaux. 1 vol.	30
Manuel de culture maraîchère. 2 vol. avec 58 gr.	1 90
Du mûrier et des vers à soie. 1 vol. av. 43 grav.	1 »
Traité de drainage, par J. Leclerc, ingénieur, chef du service du drainage en Belgique. 1 v. avec 127 grav.	2 »
Traité de la culture des plantes racines, par M. Le Docte. 1 vol. avec 24 grav.	90
Culture des arbres fruitiers, 1 vol. avec grav.	50
Manuel des constructions rurales, par A. Duvinage, architecte attaché à la Maison du Roi. 1 v. avec 197 gr.	3 »
Traité des graminées céréales et fourragères, par Demoor. 1 vol. avec 104 grav.	2 50
Traité d'arpentage et de nivellement, par Leclerc et Toussaint. 1 v. avec 128 grav. et pl. coloriée.	1 50
Culture du lin et rouissage, par Demoor. 1 v. 15 gr.	» 75
Les oiseaux de basse-cour. 1 vol. avec 14 grav.	1 »
Médecin des campagnes, par Moreau. 1 v. de 350 pag.	2 »
Cours d'économie rurale, 2 vol.	4 »
Catéchisme agricole, 1 vol.	» 75

N° 4. — NOVEMBRE 1855.

CATALOGUE

DE LA

LIBRAIRIE AGRICOLE

DE H. TARLIER,

ÉDITEUR DE LA BIBLIOTHÈQUE RURALE,

Rue de la Montagne, 34, à Bruxelles.

A. — *Publications agricoles.*

B. — *Publications diverses.*

C. — *Table alphabétique des noms d'auteurs.*

CONDITIONS DE VENTE :

Les ouvrages sont expédiés FRANCO dans tout le royaume aux personnes qui joignent à leur demande le payement en un mandat-poste ou en timbres-poste.

L'Éditeur se charge de fournir, aux mêmes conditions, les autres ouvrages belges, français et étrangers, qui ne figurent pas sur ce catalogue.

BRUXELLES. — TYP. DE J. VANBUGGENHOUDT,
Rue de Schaerbeek, 12.

CATALOGUE

DE LA

LIBRAIRIE AGRICOLE

DE H. TARLIER,

Rue de la Montagne, 51, à Bruxelles.

BIBLIOTHÈQUE RURALE (1),

Instituée par le Gouvernement belge.

Collection de traités destinés à l'amélioration et au perfectionnement de l'agriculture.

Annuaire agricole pour 1855, 1 vol. in-18. 1 fr. 25

Cet ouvrage, qui se publie depuis 5 années, présente l'organisation et le personnel de l'administration agricole de Belgique. Il contient des tableaux statistiques sur l'exploitation agricole, les produits des principaux marchés de l'Europe et la fixation des foires et marchés de Belgique, les exportations et importations, etc. Il analyse les découvertes utiles pour l'agriculture, etc.

Années 1850, 1851, 1852, 1853, 1854. 4 »

Culture (Manuel de), par MAX. LE DOCTE, agronome-cultivateur, secrétaire de la Société centrale d'agriculture de Belgique.

Ce volume traite de la connaissance du climat et du sol, des engrais et amendements, des défrichements, des instruments de culture, de la culture des plantes en général, de la culture spéciale des plantes et de la succession des récoltes, etc. 1 vol. in-18 avec 30 gravures. » 80

Chaux (Emploi de la) en agriculture. 1 vol. in-18. » 20

L'emploi de la chaux est devenu une des questions les plus intéressantes à l'ordre du jour. Ce petit traité est mis en rapport avec le territoire de la Belgique, et l'auteur s'est attaché à résoudre les questions principales de pratique, même les plus controversées.

---

(1) Cette Bibliothèque étant publiée en français et en flamand, on est prié d'indiquer dans les demandes l'édition que l'on désire recevoir.

Comptabilité agricole, 1 vol. in-18 avec tableaux et modèles de livres. » 40

Cet ouvrage est spécialement destiné aux exploitations rurales. L'auteur s'est efforcé de simplifier autant que possible les théories de la comptabilité; aussi, tout cultivateur un peu intelligent pourra, après une lecture attentive, se pénétrer des règles de la tenue des livres. Les agriculteurs en sont, du reste, arrivés aujourd'hui à une époque où ils ne sauraient hésiter à faire usage des écritures, qui les éclairent sur leurs propres intérêts.

Arboriculture (Manuel d'), comprenant l'étude des pépinières, la culture spéciale et la taille des arbres à fruits, précédé de notions d'anatomie et de physiologie végétales. 2 vol. avec 205 gravures. 1 55

Le *Manuel d'arboriculture* est puisé dans l'excellent cours de M. Dubreuil et dans les livres des principaux praticiens; un très-grand nombre de gravures facilitent l'intelligence du texte.

Drainage (Manuel de), par H. Stephens, traduit de l'anglais, par Fréd. D'Omalius, suivi d'une notice sur le drainage, par J. M. J. Leclerc, chef du service de drainage en Belgique. 1 vol. in-18 avec 88 gravures. (*Nouvelle édition.*) 1 10

Chimie agricole (Manuel de) et de géologie, par F. W. Johnston, traduit de l'anglais; édition augmentée d'un aperçu sur la constitution géologique de la Belgique, par M. Dumont, membre de l'Académie royale des sciences. 1 vol. in-18 de 400 pag. avec gravures. 1 25

Irrigation (Manuel pratique d'), par J. Deby, professeur d'agriculture à l'École centrale. 1 vol. in-18 avec 100 planches gravées. » 60

Vaches laitières (Choix des), ou *Description de tous les signes à l'aide desquels on peut apprécier les qualités lactifères des vaches*, par J. H. Magne, professeur à l'École vétérinaire d'Alfort. Édition revue, modifiée, et rendue applicable aux races belges. 1 vol. in-18 avec planches. » 40

Maréchal ferrant (Manuel du), par Brogniez, professeur à l'École de médecine vétérinaire de l'État. 1 vol. in-18 avec 20 gravures. » 30

Hygiène publique et privée (Manuel d'), *à l'usage des instituteurs et des communes rurales*, par le docteur Sovet, médecin de la Maison du Roi, membre de l'Académie royale de médecine, etc. 1 vol. in-18 avec gravures. » 75

Ouvrage approuvé par le conseil supérieur d'hygiène publique.

Forestier (Manuel), par Clément, agronome du Roi. 1 vol. in-18 avec gravures. » 30

Ce volume traite de la science, de la production et de l'économie forestières.

Engrais et amendements (Traité des), par Fouquet, directeur de l'École d'agriculture de Tirlemont. 1re partie. — *Engrais de ferme*. 1 vol. in-18 avec gravures. » 55

Instruments d'agriculture (Traité des), par Max. Le Docte, agronome, secrétaire perpétuel de la Société centrale d'agriculture. 1 fort vol. in-18 avec 95 gravures. » 90

Les instruments aratoires sont à la culture du sol ce que les engrais sont aux récoltes. Il est indispensable de connaître les meilleures machines employées en agriculture.

Ce traité est le fruit d'une étude consciencieuse et d'observations recueillies sur les principaux points du pays.

Plantes oléagineuses (Culture des), par Max. Le Docte. 1 vol. in-18 avec gravures représentant les machines récemment inventées pour le perfectionnement de cette culture. » 35

Manuel de médecine vétérinaire, par Defays et Husson, répétiteurs à l'École de médecine vétérinaire de l'État. — Première partie : extérieur, anatomie, physiologie, ferrure et parturition. 1 vol. in-18 avec gravures. » 55

Le tome second sera publié prochainement.

Les instruments d'agriculture à l'Exposition universelle de Londres, par un constructeur belge. 1 vol. in-18 avec 43 gravures. » 55

Vigne (Culture de la) **et fabrication des vins,** par P. Joigneaux, auteur du *Dictionnaire d'Agriculture*, rédacteur de la *Feuille du Cultivateur*. 1 vol. in-18. » 30

Culture maraîchère (Manuel de) — *partie théorique* — par Julien Deby, professeur d'agriculture à Bruxelles—*partie pratique*—par Rodigas, professeur d'agriculture à l'École normale de Lierre. 2 vol. in-18 avec 58 gravures. 2e édition. 1 90

Chacun de ces volumes a obtenu un prix à la suite du concours institué par le Gouvernement.

Traité de la culture du mûrier et de l'éducation des vers à soie en Belgique, résumé des meilleurs auteurs français et italiens, par A. Ronnberg, président du premier district agricole du Brabant. 1 vol. in-18 avec 43 gravures. 1 »

Drainage (Traité de), ou **essai théorique et pratique sur l'assainissement des terres humides,** par J. Leclerc, ingénieur des ponts et chaussées, chef du service de drainage en Belgique. 1 v. in-18 de 354 pages et 127 grav. 2 »

Plantes-racines (De la culture des), par Max. Le Docte, agronome-cultivateur, secrétaire perpétuel de la Société centrale d'agriculture. 1 vol. in-18 avec 24 gravures. » 90

Arbres fruitiers (De la culture des), par P. Joigneaux, agronome-cultivateur, auteur du *Dictionnaire d'Agriculture.* 1 vol. in-18 avec 14 gravures. » 50

Contructions rurales (Manuel des), par A. Duvinage, architecte attaché à la Maison du Roi. 1 vol. in-18 de 550 pages et 198 gravures. 3 »

Traité des graminées céréales et fourragères que l'on rencontre en Belgique, *avec des observations sur les variétés nouvelles,* par M. De Moor, médecin vétérinaire du gouvernement, secrétaire du comice agricole du 5e district de la Flandre orientale, 1 vol. in-18, avec 205 grav. 2 50

L'ouvrage est divisé en trois parties : la 1re partie est consacrée à l'étude de la nomenclature des organes des graminées, des formes et des positions qu'elles affectent ; la 2e partie, outre la description complète des genres et des espèces, comprend quelques tableaux qui facilitent les recherches des tribus, des genres et des espèces ; enfin, dans la 3e partie l'auteur indique tout ce que l'on sait aujourd'hui sur les stations, les propriétés et le rendement des espèces et des variétés, d'après les observations consignées dans les meilleurs travaux récents sur l'économie rurale.

Traité élémentaire des engrais et amendements, par Fouquet, directeur de l'École d'agriculture de Tirlemont. — Tome second. — *Engrais divers.* 1 vol. in-18. » 90

Arpentage et nivellement (Traité pratique d'), à l'usage des agriculteurs, par J. M. J. Leclerc, ingénieur des ponts et chaussées, chef du service de drainage, membre du conseil administratif de la Société centrale d'agriculture, et Toussaint, géomètre-arpenteur, attaché au département de l'intérieur. 1 vol. in-18 avec 128 grav. et 4 planches (dont une coloriée). 1 50

L'ouvrage est divisé en 3 parties principales : la première est consacrée à l'arpentage ; la seconde traite du nivellement ; la troisième contient des notions sur le dessin, la copie et la réduction des plans. — La 1re partie se subdivise elle-même en 3 sections distinctes. Dans la première sont exposées les notions préliminaires sur les lignes et sur les angles, en même temps que toutes les considérations qui se rapportent aux instruments servant à mesurer ces deux espèces de grandeur. — La deuxième section expose les méthodes principales suivies pour lever les plans, c'est-à-dire la partie de l'arpentage qui consiste à représenter graphiquement les formes et les dimensions des terrains. — Enfin, la troisième section comprend l'arpentage proprement dit ou les méthodes qui servent à l'évaluation de la superficie des terres et au partage des propriétés.

Oiseaux de basse-cour. *De l'élève des poules,* par le baron E. Peers, chevalier de l'ordre Léopold, membre de la commission provinciale d'agriculture de la Flandre occidentale; suivi de *Notices sur les oies, les canards, les pintades, les dindons, les pigeons.* In-18 de 190 pages et 13 gravures. 1 »

Culture du lin (Traité de la) **et différents modes de rouissage,** par J. Demoor, secrétaire du 5me district de la Flandre orientale, auteur du *Traité des Graminées céréales et fourragères.* In-18 de 150 pages avec gravures. » 75

Catéchisme agricole, par Victor Van den Broeck, docteur en médecine, professeur de chimie et de métallurgie à l'École des mines du Hainaut, membre du conseil administratif de la Société centrale d'agriculture, membre de l'Académie royale de médecine, etc., etc. 1 vol. in-18 de 174 pages. 1 00

Laiterie (La). Notions pratiques sur l'art de faire le beurre et de fabriquer les fromages. — Manière de traiter le lait et la crème. — Battage du beurre. — Procédés de salaison et de conservation. — Moyens de remédier à la rancidité, etc.; par P. A. de Thier, membre de la Commission d'agriculture de la province de Liége, du Conseil administratif de la Société centrale d'agriculture de Belgique, secrétaire de la Section verviétoise de la Société agricole de l'Est, etc., etc. 2e édition, augmentée. 1 vol. in-18 de 60 pages avec grav. » 75

Du traitement des porcs aux différentes époques de l'année, suivant leur âge, en santé et maladies — naissance, sevrage, élevage, engraissement, mort. 1 vol. in-18 orné de 30 grav.

BIBLIOTHÈQUE DU CULTIVATEUR,

PUBLIÉE AVEC LE CONCOURS DU MINISTRE DE L'AGRICULTURE DE FRANCE.

(Format in-18.)

Animaux domestiques, — Zootechnie générale, — hygiène et extérieur du cheval, élevage, entretien, utilisation du cheval, de l'âne et du mulet, par LEFOUR. — 2 vol. — 180 pages, 55 gravures. 2 50

Économie domestique, par Mme MILLET-ROBINET. 1 vol. 234 pages, avec 21 grav. 1 25

Éleveur de bêtes à cornes (*L'*), par VILLEROY. 2e édition. 438 pages et 60 gravures. 1 25

Fermage (*Estimation, Plans d'amélioration, Baux*), par DE GASPARIN. 2e édition, 384 pages. 1 25

Fruits (*Conservation des*), par Mme MILLET-ROBINET, auteur de *la Maison rustique des Dames*, 180 pages. 1 25

Géomètrie agricole (*Dessin linéaire, Arpentage, Toisé*), par LEFOUR. 220 pages et 150 gravures. 1 25

Houblon (*Culture du*), par ERATH ; traduit de l'allemand, par NAPOLÉON NICKLÈS. 136 pages et 22 gravures. 1 25

Métayage (*Contrats, Effets, Améliorations*), par DE GASPARIN. 2e édition, 166 pages. 1 25

Oiseaux de basse-cour et lapins, par Mme MILLET-ROBINET. 3e édition, 204 pages et 11 gravures. 1 25

Pêcheur à la mouche artificielle et à toutes lignes (*Le*), par DE MASSAS. 204 pages et 27 gravures. 1 25

Sol et engrais, par LEFOUR. 204 pages et 36 gravures. 1 25

BIBLIOTHÈQUE DU JARDINIER,

PUBLIÉE A PARIS,
SOUS LA DIRECTION DE MM. DECAISNE ET VILMORIN.

Asperge (*Culture naturelle et artificielle*), par Loisel; 2e éd., in-18 de 108 pages et 6 gravures. 1 25

Melon (*Culture sous cloche, sur butte et sur couche*), par Loisel, 4e édit., in-18 de 112 pag. et 3 grav. 1 25

Chimie et physique horticoles, par Dehérain, in-18 de 120 pages et 11 grav. 1 25

Pépinières, par Carrière, in-18 de 148 pag. et 16 grav. 1 25

BIBLIOTHÈQUE FRANÇAISE DE L'AGRICULTEUR PRATICIEN.

Abeilles (*Guide de l'éleveur d'*), suivi de la **Ruche des jardins**, par Auguste Defrarière. 1 vol. in-18. » 75

Alcoolisation générale (*Traité complet d'*), *Guide du fabricant d'alcools*, renfermant la marche à suivre pour obtenir l'alcool de toutes les substances alcoolisables, etc.; par N. Basset. 1 vol. in-18 avec dessins dans le texte, 6 gravures sur cuivre et 9 tableaux. 6 »

Amendements et prairies. Traité populaire, extrait des œuvres de Jacques Bujault. 1 vol. in-18. » 60

Bétail en ferme (*Du*). Traité populaire, extrait des œuvres de Jacques Bujault, mis en ordre par N. Basset. 1 vol. » 60

Betterave (*Traité pratique de la culture et de l'alcoolisation de la*), — résumé complet des meilleurs travaux faits jusqu'à ce jour sur la betterave et son alcoolisation, — renfermant toutes les notions nécessaires au cultivateur et au distillateur, ainsi que l'examen critique des méthodes de pulpation, de macération, de fermentation et de distillation employées aujourd'hui: par N. Basset. 1 vol. in-18 de 176 pages. 2 »

Champignons comestibles et vénéneux (*Traité élémentaire des*), par Dupuis, professeur de botanique à Grignon. 1 vol. in-18 avec 16 fig. coloriées. 1 75

Dindons et pintades (*Guide de l'éleveur de*), par Mariot Didieux, vétérinaire de la garde de Paris, lauréat de la Société impériale et centrale de médecine vétérinaire. 1 vol. in-18. » 75

Fumier de ferme (*Le*) **élevé à sa plus haute puissance de fertilisation et n'étant plus insalubre**, par Quénard. 2e édition in-18. 1 25

Lapins (*Guide de l'éducateur de*), ou *Traité de la race cuniculine*, par Mariot-Didieux. 1 vol. in-18 » 75

Pigeons (*Guide de l'éleveur de*), par Mariot-Didieux. 1 vol. in-18. » 75

Pisciculteur (*Guide du*), d'après des notes et des documents fournis par J. Remy, pêcheur de la Bresse, recueillis et publiés par le docteur Haxo, secrétaire perpétuel de la Société d'émulation des Vosges. 1 vol. in-18 avec grav. 1 50

Poules, poulets, etc. (*Guide de l'éleveur de*), par Alibert, professeur de zootechnie, à Grignon. 1 vol. in-18. » 75

Système Guénon en forme de catéchisme, à l'usage des élèves des Fermes-Écoles, par Anacharsis Combes. 1 vol. in-18. » 30

Visite à un véritable agriculteur-praticien, par Durand-Savoyat, cultivateur. 1 vol. in-18. 1 25

JOURNAL

D'AGRICULTURE PRATIQUE

DE FRANCE.

ANNÉE 1855.

Le Journal d'Agriculture pratique de France paraît le 5 et le 20 de chaque mois en un cahier format in-8° avec de nombreuses gravures très-soignées. Il forme tous les ans deux beaux volumes de 500 pages chacun.

Outre de nombreux articles ou mémoires sur toutes les questions que peuvent présenter la culture des céréales et des plantes, l'élève du bétail, la fabrication des instruments aratoires, les industries annexées aux exploitations rurales, les irrigations, le drainage, etc., etc., le *Journal d'Agriculture pratique de France* publie régulièrement,

Tous les quinze jours :

1° Une *Chronique agricole,* rédigée par M. Barral, rapportant les faits nouveaux qui se sont produits dans le monde agricole et résumant les travaux des comices;

2° Une *Revue commerciale,* par M. Borie, contenant la seule mercuriale qui, jusqu'à ce jour, s'occupe des marchés de toutes les parties de la France et de l'étranger.

Tous les mois :

1° Une *Chronique horticole,* par M. Naudin, tenant le lecteur au courant de toutes les nouveautés que présentent l'horticulture et le jardinage ;

2° Un *Calendrier agricole,* donnant successivement pour toutes les parties de la France les travaux qui doivent s'exécuter le mois suivant, calendrier dont la rédaction a été acceptée par MM. de Gasparin, Villeroy, Jourdier, Moll, Martegoute, Chrétien (de Roville), Heuzé, etc., etc.;

3° Une *Revue météorologique agricole* du mois précédent, donnant les observations journalières de la température, de la pluie, du vent, etc., pour vingt points choisis sur toute la surface de la France, et indiquant exactement la situation des récoltes en terre et l'influence exercée par les circonstances météorologiques sur les plantes : c'est le premier travail de ce genre qui ait été tenté sur une échelle aussi vaste;

4° Une *Revue bibliographique* de toutes les publications agricoles françaises et étrangères, rédigée, suivant leur spécialité, par tous les collaborateurs du recueil.

Tous les deux mois :

1° Une *Chronique séricicole,* où M. Robinet raconte les progrès incessants de l'art du magnanier et de l'industrie de la soie;

2° Un *Bulletin* contenant la liste des Brevets d'invention délivrés pour machines agricoles, engrais, systèmes d'irrigation, etc.

Tous les trois mois :

1° Une *Chronique vétérinaire*, où M. Henri Bouley fait connaître les moyens curatifs imaginés contre les maladies du bétail, les expériences tentées par les médecins vétérinaires pour perfectionner leur art ;

2° Une *Chronique des courses*, due à M. Eugène Gayot, qui s'attache à faire profiter l'agriculture des dépenses considérables faites par l'État pour l'amélioration de la race chevaline ;

3° Une *Chronique forestière*, où M. Delbet présente le résumé des faits qui intéressent les propriétaires de forêts, les maîtres de forges et le commerce de bois et charbons ;

4° Une *Chronique agricole algérienne*, rédigée par M. Jules Duval, de manière à faire connaître à la France les efforts que fait l'agriculture naissante des possessions africaines ;

5° Une *Revue de législation rurale*, due à M. Victor Lefranc et destinée à tenir les agriculteurs au courant de toutes les décisions judiciaires relatives aux propriétés rurales, aux fermes, aux métairies et aux industries agricoles.

Enfin, chaque fois que l'occasion s'en présente, le journal publie une *partie officielle* contenant toutes les lois, tous les décrets, arrêtés, règlements relatifs aux questions agricoles. M. Payen rédige *tous les ans* un compte rendu détaillé des travaux de la Société centrale d'agriculture. Un article spécial est consacré à tous les *concours régionaux et généraux* d'animaux de boucherie ou d'animaux reproducteurs. Les grandes expositions industrielles, les concours de la Société d'agriculture d'Angleterre, sont visités par des collaborateurs du journal, qui rendent compte de tous les faits importants qui s'y produisent.

Tous les articles sont signés.

Prix *franco* pour toute la Belgique : un an (de janvier à décembre). 15 »

Par suite d'un arrangement avec l'éditeur de Paris, les abonnés belges reçoivent *franco* le journal au même prix que les abonnés français.

On peut se procurer les années antérieures.

Journal de la Société centrale d'agriculture de Belgique, contenant l'exposé des comptes rendus des séances et des actes de la Société, les décisions de son conseil administratif, le résumé de la correspondance, l'examen des principes, des découvertes, des faits pratiques qui dans les divers pays ont pour objet le progrès de l'agriculture. Ce journal paraît chaque mois en un cahier de 32 pages format in-8° ; prix : par an. 12 »

Journal des haras, des chasses et des courses de chevaux *en Belgique* et dans les principaux pays de l'Europe : *Angleterre, France, Allemagne, Hollande, Hongrie,* etc. — Étude, éducation du cheval, du chien, — agriculture spéciale,—annales des haras, des chasses, des courses, — nouvelles des arts et des sciences, anecdotes, chroniques. Abonnement annuel (un numéro chaque mois). 20 »

Revue horticole de France, *Journal d'Horticulture pratique,* rédigé par MM. Duchartre, Naudin, Neumann, Pépin, Vilmorin, etc., sous la direction de M. Decaisne, membre de l'Académie des sciences, professeur de culture au Jardin des Plantes de Paris.

Prix, *franco,* par an (pour la Belgique), janvier à décembre, avec 24 gravures coloriées (une par numéro). 12 »

Feuille du Cultivateur (*La*), sous la rédaction en chef de M. P. Joigneaux, paraissant tous les jeudis par 8 pages grand in-4° à 3 colonnes avec illustrations. — Prix de l'abonnement pour la Belgique : un an, 12 fr.; six mois, 6 fr. 50 c.; trois mois, 3 fr. 50 c. — Pour le Luxembourg : un an, 14 fr. 50 c.; six mois, 8 fr.; trois mois, 4 fr. 50 c. — Pour la France : un an, 17 fr.; six mois, 9 fr.; trois mois, 5 fr.

La *Feuille du Cultivateur* a voulu imiter ces fermiers anglais qui commencent par se loger entre les planches et sous la paille, attendant ainsi que les profits de l'exploitation leur permettent de faire mieux les choses. Elle a commencé de même, modestement, sans luxe ni fracas. Mais aujourd'hui qu'elle a sondé le terrain autour d'elle, qu'elle a mesuré et pesé sa première récolte, qu'elle n'a plus peur de l'avenir, qu'elle a du grain au grenier et autre chose en cave, elle entend, elle aussi, se donner ses aises et faire un peu de toilette, selon ses petites ressources.

Nous en savons qui auraient profité du numéro de fin d'année pour annoncer cela, qui auraient crié par-dessus les toits que la *Feuille du Cultivateur* allait se parer, s'endimancher pour entrer dans sa seconde année ; mais à quoi bon tout ce bruit ? Nous avons mieux aimé procéder par surprise, ne rien promettre et donner à ceux qui n'attendent rien. A partir de ce jour donc, notre publication sera illustrée, c'est-à-dire embellie de dessins qui viendront en aide au texte et prouveront à nos lecteurs que nous ne négligeons pas ce qui peut leur être agréable et utile.

PRINCIPAUX OUVRAGES PUBLIÉS SUR L'AGRICULTURE EN BELGIQUE ET EN FRANCE.

Abeilles (*Éducation des*), par P. JOIGNEAUX, auteur du *Dictionnaire d'agriculture*. 1 vol. in-18. — Bruxelles. 1 »

Agriculteur commençant (*Manuel de l'*), par SCHWERZ; traduit par CHARLES et FÉLIX VILLEROY, cultivateurs à Rittershof. 4e édition, in-12 de 332 pages. — Paris. 1 75

Agriculture allemande (*L'*), ses écoles, son organisation, ses mœurs et ses pratiques les plus récentes, par ROYER, inspecteur général de l'agriculture en France. Grand in-8° de 542 pages. — Paris. 7 50

Agriculture luxembourgeoise (*Exposé général de l'*), ou *Dissertation sur les meilleurs moyens de fertiliser les landes des Ardennes, sous le triple point de vue de la création de forêts, d'enclos, de rideaux d'arbres, de prairies et de terres arables, ainsi que sous le rapport de l'irrigation*, par HENRI LE DOCTE, agronome. 1 vol. in-8°. — Bruxelles. 3 »

Agronomie (*Principes de l'*), par le comte DE GASPARIN, membre de l'Académie des sciences, de la Société centrale d'agriculture de France, un vol. in-8° de 284 pages. — Paris. — 3 75

« Voilà plus de dix ans que la composition de mon Cours d'Agriculture est commencée. Depuis ce temps, de nombreuses recherches, des expériences importantes, des procédés nouveaux ont modifié en quelques parties la théorie et la pratique de la science. Mes anciens lecteurs doivent sentir comme moi le besoin d'une révision méthodique des principes qui y sont exposés. Le livre que je publie aujourd'hui est le résultat de cette révision » GASPARIN (*Préface de l'ouvrage*.)

Animaux domestiques, par David Low, traduit et annoté par ROYER, inspecteur général de l'agriculture en France. L'ouvrage se compose de 13 livraisons grand in-4°, savoir :

Races bovines. 5 livr., 22 planches coloriées et texte. 25 »
Races chevalines. 2 livr., 8 planches color. et texte. 10 »
Races ovines. 5 livr., 21 planches coloriées et texte. 25 »
Races porcines. 1 livr., 5 planches coloriées et texte. 5 »
Prix de l'ouvrage complet. 60 »

Arboriculture (*Manuel d'*). Voyez Bibliothèque rurale, page 4.

Arbres fruitiers (*Culture des*). Voy. Bibliothèque rurale, p. 6.

Arpentage et nivellement. Voy. Bibliothèque rurale, p. 6.

Bêtes à laine (*Considération sur les*) et *Notice sur la race de la Charmoise*, par MALINGIÉ-NOUEL, directeur de la ferme-école de la Charmoise. Gr. in-8°, avec lithog. — Paris. 3 »

Bière (*La*).—Fabrication.—Composition.—Diverses espèces de bières. — Effet général de la bière dans l'alimentation. — Bières de Bruxelles : lambic, faro, bière de mars ;—influence des localités sur la nature de la bière ;—maladies des ouvriers employés à sa fabrication, etc. (leçons faites au Musée royal de l'industrie, par le professeur CHARLES PLACE). In-18 avec gravures. — Bruxelles. » 50

Bon Jardinier (*Le*) **pour 1855,** contenant les principes généraux de la culture, l'indication, mois par mois, des travaux à faire dans les jardins ; la description, l'histoire et la culture de toutes les plantes potagères, fourragères, économiques ou employées dans les arts ; des céréales ; des arbres fruitiers ; des oignons et plantes à fleurs ; des arbres, arbrisseaux et arbustes utiles ou d'agrément ; un vocabulaire des termes de jardinage et de botanique ; un jardin des plantes médicinales ; un tableau des végétaux groupés d'après la place qu'ils doivent occuper dans les parterres, bosquets, etc., par POITEAU, VILMORIN, DECAISNE, NEUMANN, PÉPIN. In-12 de 1,650 p. avec gravures. — Paris. 7 »

Le Bon Jardinier est disposé de manière à former, si l'on veut, deux volumes, dont le premier contient le JARDIN D'UTILITÉ, et le second, le JARDIN D'AGRÉMENT. — Chaque volume a une table des matières. — Le tome Ier a une table alphabétique ; le tome II est classé alphabétiquement.

Bon Jardinier (*Figures pour l'Almanach du*), contenant : 1° principes de botanique ; 2° principes de jardinage, manière de marcotter, greffer, disposer et former les arbres fruitiers ; 3° construction et chauffage des serres ; 4° composition et ornement des jardins ; 5° hydroplastie ; 6° instruments et outils de jardinage, par DECAISNE, membre de l'Institut, professeur de culture au Jardin des Plantes, et HERINCQ. 19e édition, entièrement refaite. In-12 de 424 pages, avec 632 gravures sur bois et planches gravées. -- Paris. 7 »

Bovines Durham (*Races*), par Lefebvre-Sainte-Marie, inspecteur général de l'agriculture en France. Publié par ordre du ministre. Gr. in-8° de 352 pages et atlas in-folio de 15 planches. — Paris. 22 50

Bulletin du Conseil supérieur d'agriculture de Belgique, publié annuellement depuis 1850 par le Département de l'Intérieur. — Bruxelles. — Chaque année. 10 »

Calendrier du bon cultivateur (*Le*) ou *Manuel de l'agriculteur praticien*, par C. J. A. Mathieu de Dombasle, in-12, avec gravures. — Paris. 4 75

Camellia (*Monographie du genre*), par l'abbé Berlèse. 3e édition, revue, corrigée et augmentée d'une nouvelle classification et de 180 descriptions de variétés nouvelles inédites. In-8° de 340 pag. avec 7 planches. — Paris. 5 »

Champignons (*Traité de la culture des*), par Victor Paquet. In-12 de 280 pages, avec 9 gravures. — Paris. 3 50

Champs et prés (*De la culture des*), par P. Joigneaux, auteur du *Dictionnaire d'Agriculture*. 1 vol. in-18 de 170 p. — Bruxelles. 1 »

Chaux (*Emploi de la*). Voyez Bibliothèque rurale, page 3.

Chimie et physiologie végétales (*Mémoire sur la*) **et sur l'agriculture,** par H. Le Docte, agronome-cultivateur, *en réponse à la question suivante proposée par l'Académie royale de Belgique :*

« Exposer et discuter les travaux et les nouvelles vues des physiolo-« gistes et des chimistes sur les engrais et sur leur faculté d'assimilation « dans les végétaux ; indiquer, en même temps, ce que l'on pourrait faire « pour augmenter la richesse de nos produits agricoles.—L'Académie de-« mande que le travail soit appuyé d'expériences ? »

(Cet ouvrage a obtenu la médaille de vermeil au concours de 1848.)

1 vol. in-8° de 300 pages. — Bruxelles. 5 »

Chimie agricole (*Manuel de*). Voy. Bibliothèque rurale, p. 5.

Comptabilité agricole. Voyez Bibliothèque rurale, page 4.

Conseils aux agriculteurs sur l'art d'exploiter le sol avec profit, et *au Gouvernement* sur les moyens de relever l'agriculture, par Dezeimeris. 3e édition. In-12 de 654 pages. — Paris. 3 50

Conservation et assainissement des étangs, par M. DE SAINT-VENANT. In-8° avec fig. — Paris. 1850. 1 »

Constructions rurales (*Manuel des*). Voy. Bibl. rur., pag. 6

Cours d'agriculture, par le comte DE GASPARIN, ancien pair de France, ancien ministre de l'intérieur et de l'agriculture, membre de l'Académie des sciences, de la Société centrale d'agriculture, etc. 5 forts vol. in-8° et pl. — Paris. 37 50

Cours d'eau (*Modifications à apporter à la législation des*) *non navigables ni flottables, considérée dans ses rapports avec les intérêts de l'agriculture, de l'industrie et de la salubrité publique*, par VICTOR VAN DEN BROECK, 1 vol. in-8° de 282 p. — Bruxelles. 2 »

(Ouvrage publié par ordre du Gouvernement.)

Cours d'économie rurale, professé à l'Institut agricole de Hohenheim, par M. GOERITZ; traduit sur manuscrit allemand, par Jules Rieffel, directeur de la ferme régionale de Grand-Jouan. (*Dernière édition.*) 2 vol. in-18 de 250 et de 305 pages avec planches explicatives. — Bruxelles. 4 »

L'auteur s'est attaché à traiter les points suivants :

Connaissance des circonstances générales, naturelles, commerciales et pratiques; influence de ces circonstances sur l'ensemble d'une exploitation agricole. — Étendue et constitution du domaine. — Organisation et système d'exploitation ; appréciation de cette organisation ; causes d'accroissement et d'affaiblissement. — Travaux et forces nécessaires à l'entrepreneur ; organisation de son personnel. — Économie du bétail, choix des bestiaux ; nombre, composition des troupeaux ; valeurs. — Capitaux nécessaires, leur emploi. L'entrepreneur, propriétaire, fermier ou régisseur. . . .

Culture (*Manuel de*). Voyez Bibliothèque rurale, page 3.

Culture maraîchère. Voyez Bibliothèque rurale, page 5.

Culture (*Nouveau système de*), spécialement composé pour la Belgique, applicable aux pays pauvres comme aux pays riches, par MAX. LE DOCTE, agronome-cultivateur, secrétaire de la Société centrale d'agriculture, in-8° de 500 pages avec planches.

(Cet ouvrage a valu à l'auteur la grande médaille d'or que le Roi accorde aux œuvres les plus utiles.) 5 »

Dahlias (*Manuel du cultivateur de*), par LEGRAND. 2e édition, revue et corrigée par PÉPIN, chef des cultures au Jardin des Plantes de Paris. In-12 de 156 p. et 36 grav. — Paris. 1 75

DICTIONNAIRE

D'AGRICULTURE PRATIQUE,

COMPRENANT

tout ce qui se rattache à la grande culture, au jardinage,
à la culture des arbres et des fleurs, à la médecine humaine et vétérinaire,
à la botanique, à l'entomologie, à la géologie,
à la chimie et à la mécanique agricoles, à l'économie rurale, etc.,

Par P. JOIGNEAUX,

Agronome-cultivateur, auteur de : *la Culture des Champs et des Prés*, *les Vignes et les Vins en Belgique*, *la Culture des Arbres fruitiers*, *l'Education des Abeilles*, etc. rédacteur en chef de *la Feuille du Cultivateur*.

ET

Ch. MOREAU, docteur en médecine.

2 forts volumes gr. in-8° avec gravures, imprimés sur 2 col.

Prix : 20 francs.

Des livres spéciaux ont été publiés sur la plupart des matières agricoles, mais fussent-ils parfaits à leur point de vue, ces livres ont un grand inconvénient pour le cultivateur. En effet, on ne s'occupe pas uniquement de grande culture dans une maison d'exploitation bien conduite; on s'y occupe d'élève du bétail, d'engraissement, de jardinage, d'arbres fruitiers, d'oiseaux de basse-cour ; on y élève des abeilles souvent, des vers à soie quelquefois ; on y donne même des soins aux plantes d'agrément. Or, il est évident que, pour s'éclairer sur tout cela, on peut recourir à chacun des ouvrages traitant séparément de ces diverses matières mais avant de mettre la main sur la page dont on a besoin dans un moment donné, il faudra ou feuilleter des volumes, ou parcourir de l'œil des tables de matières qui ne finissent point. Voilà l'inconvénient. A la campagne, plus peut-être qu'à la ville, le temps est précieux, et l'on ne consent guère à chercher qu'à la condition de trouver vite.

C'est précisément cette considération qui a suggéré l'idée de simplifier le travail des recherches en plaçant sous le même couvert, dans un même ouvrage, et par ordre alphabétique, ce qui peut intéresser le cultivateur. Un Dictionnaire d'Agriculture, où toutes les questions sont traitées, est donc, de l'aveu de chacun, le livre le plus facile à consulter. Tous les mots, tous les sujets qui vous intéressent sont là sous votre main. Vous n'avez qu'à l'ouvrir, et vous trouvez en quelques minutes les renseignements dont vous avez besoin.

Distillation des betteraves, *considérée comme industrie annexe des fermes et des sucreries*, par A. Payen, membre de l'Institut, secrétaire de la Société centrale d'agriculture de France, professeur au Conservatoire impérial des Arts et Métiers. Deuxième édition, augmentée de la distillation des mélasses. Un vol. in-8° de 150 pages avec planches gravées sur acier. — Paris. 4 »

Drainage (*Manuel de*). Voyez Bibliothèque rurale, page 5.

Drainage (*Traité complet de*). Voyez Biblioth. rurale, page 6.

Défrichement (*Observations pratiques sur le*). *Recherches sur la véritable cause de l'abandon de tant de milliers d'hectares de terre en friche, situés au milieu des peuples les plus civilisés de l'Europe*, par le comte Waléry de Rottermund, membre de la Commission provinciale d'agriculture de Liége, de la Société d'agriculture de l'Est de la Belgique, du Conseil administratif de la Société centrale d'agriculture de Belgique, et membre suppléant au Conseil supérieur d'agriculture. 1 vol. in-8° de 70 pages, imprimé avec luxe. — Bruxelles. 3 »

Eaux en agriculture (*Emploi des*), par M. A. Puvis, ancien député, membre correspondant de l'Institut, etc. 1 vol. in-8° de 560 pages. — Paris. 5 »

Éléments d'agriculture *considérée dans ses rapports avec les sciences naturelles*, par Victor Van den Broeck, docteur en médecine, professeur de chimie et de métallurgie à l'Ecole des mines du Hainaut, membre de l'Académie royale de médecine, membre du Conseil administratif de la Société centrale d'agriculture, etc., etc. 1 vol. in-18 de 352 pages. — Bruxelles. 2 25

Engrais artificiels (*Des*), par Justus Liebig, professeur à l'Université de Giessen, etc., traduit de l'allemand; in-8°. — Bruxelles. » 75

Engrais et amendements. Voy. Bibl. rur., pag. 5 et 6.

Essai sur l'économie rurale de l'Angleterre, de l'Écosse et de l'Irlande, par M. Léonce de Lavergne. — 2e édition 1 vol. in-18 de 500 pages. — Paris. 3 50

Flore des jardins et des champs, accompagnée des clefs analytiques conduisant promptement à la détermination des familles et des genres, et d'un vocabulaire des termes techniques, par Emmanuel Lemaoux, médecin, membre de la Société philomatique, et J. Decaisne, membre de l'Académie des sciences, professeur de culture au Muséum. 2 gros vol. in-18. 9 »

Forestier (*Manuel*). Voyez Bibliothèque rurale, page 5.

Forêts (*Traité de la culture des*), avec des recherches sur la valeur progressive des biens-fonds et des bois, depuis le XIIIe siècle jusqu'à nos jours; ouvrage contenant un essai descriptif des forêts de l'Europe et des autres pays, un traité de la croissance des arbres, des diverses méthodes d'aménagement, etc., par M. Noirot. 2e édit., in-8°. — Paris. 7 50

Graminées céréales et fourragères (*Traité des*). Voyez Bibliothèque rurale, page 6.

Guide des cultivateurs (*Le véritable*), ou *Vie agricole de Jacques Gouyer, dit le Paysan philosophe*, avec des notes, par Dezeimeris. 2e édition, in-12 de 248 pages. — Paris. 1 75

Guide du cultivateur améliorateur, par E. Lecouteux, directeur des cultures de l'ex-Institut agronomique de Versailles, ancien élève et répétiteur de Grignon, etc. 1 vol. in-8° de 350 pages. — Paris. 4 »

Horticulture (*Théorie de l'*). Essais descriptifs, selon les principes de la physiologie, des principales opérations horticoles, par John Lindley, traduit de l'anglais, par Lemaire. Grand in-8° de 450 pages et 37 gravures. — Paris. 7 50

Hygiène (*Manuel d'*). Voyez Bibliothèque rurale, page 4.

Il faut semer clair! ou *Moyen de remédier à la disette des céréales*, traduit librement de l'anglais de Davis, avec des annotations, par de Thier-Neuville. In-18. — Brux. » 30

Instruments d'agriculture (*Traité des*). V. Bibl. rur., p. 5.

Irrigation (*Manuel d'*). Voyez Bibliothèque rurale, page 4.

Irrigateur (*Manuel de l'*), par Villeroy et Adam Muller. 1 vol. in-8° de 380 pages. — Paris. 5 »

Jardinage (*Manuel pratique de*), par COURTOIS-GÉRARD. 4e édition, 400 pag. in-12 avec 37 gravures. — Paris. 3 50

Jardinier des fenêtres, *des appartements et des petits jardins* (*Le*). 3e édition, entièrement refaite, par Mme CORA MILLET-ROBINET. In-12 de 236 pages avec 52 grav. — Paris. 1 75

Lin (*Culture du*). Voyez Bibliothèque rurale, page 6.

Maison rustique du XIXe siècle, *l'ouvrage le plus complet sur l'agriculture*, contenant les meilleures méthodes de culture usitées en France et à l'étranger ; tous les procédés pratiques propres à guider le cultivateur, le fermier, le régisseur et le propriétaire, dans l'exploitation d'un domaine rural ; les principes généraux d'agriculture, la culture de toutes les plantes utiles ; l'éducation des animaux domestiques, l'art vétérinaire ; la description de tous les arts agricoles ; les instruments et bâtiments ruraux ; l'entretien et l'exploitation des vignes, des arbres fruitiers, des bois et forêts, des étangs ; l'économie, l'organisation et la direction d'une administration rurale ; la législation appliquée à l'agriculture ; tout ce qui a rapport au potager, au parterre, aux serres et aux jardins paysagers ; enfin l'indication des travaux de chaque mois pour toutes les cultures spéciales. 5 vol. in-4o, équivalant à 25 vol. in-8o ordinaires, avec plus de 2,500 gravures, représentant tous les instruments, machines, appareils, races d'animaux, arbres, arbustes et plantes, serres, bâtiments ruraux, etc., publiée sous la direction de MM. BAILLY, BIXIO et MALPEYRE, avec le concours de toutes les sommités agronomiques de France.

Division de l'ouvrage :

Tome I. — Agriculture proprement dite.
Tome II. — Cultures industrielles et animaux domestiques.
Tome III. — Arts agricoles.
Tome IV. — Agriculture forestière, étangs, administration et législation rurale.
Tome V. — Horticulture, travaux du mois pour chaque culture spéciale.

Les cinq volumes (ouvrage complet). 39 50
Chaque volume pris séparément. 9 »

La Maison rustique du XIXe *siècle* est un ouvrage indispensable à toutes les personnes qui s'occupent d'agriculture; les renseignements y abondent en toutes matières : c'est une bibliothèque complète à l'usage du cultivateur, et une bibliothèque composée par tous hommes spéciaux.

Maison rustique des dames, par Mme Millet-Robinet. 2e édition, 2 vol. in-12 avec 120 gravures. — Paris. 7 »

Cet ouvrage est divisé en quatre parties, contenant : — la première, la *Tenue du ménage* ; — la seconde, le *Manuel de cuisine* ; — la troisième, le *Traité de jardinage* et la *Direction de la ferme* ; — la quatrième, l'*Hygiène* et la *Médecine domestique*.

Maréchal-ferrant (*Manuel du*). Voy. Bibliothèque rurale, p. 4.

Médecin des Campagnes (*Le*), indiquant les *caractères distinctifs des maladies, le traitement familier des affections légères, les soins à donner avant l'arrivée du médecin, dans les affections graves, les remèdes qu'il importe d'avoir chez soi;* par le docteur Charles Moreau, *collaborateur du Dictionnaire d'Agriculture.* 1 vol. in-18 de 360 pages. 2 »

Mûrier et vers à soie. Voyez Bibliothèque rurale, page 6.

Oiseaux de basse-cour. Voyez Bibliothèque rurale, page 6.

Orchidées (*Culture des*), avec une liste descriptive d'environ 550 espèces et variétés classées par ordre de mérite, par Ch. Morel, vice-président de la Société impériale d'horticulture. In-8° de 200 pages. — Paris. 5 »

Pélargoniums (*Traité complet de la culture des*), des **Calcéolaires,** des **Verveines** et des **Cinéraires,** genres dont les espèces peuvent aisément se cultiver dans la même serre, par Chauvière et Lemaire. In-12 de 150 pages.—Paris. 2 50

Pépinières royales de Vilvorde (*lez-Bruxelles*). (Catalogue pour l'année courante.) In-8°. — Bruxelles. 1 »

Plantes, arbres et arbustes (*Manuel général des*), contenant la description de la culture des 25,000 plantes indigènes d'Europe ou cultivées dans les serres, par Duchartre, Herincq et Jacques, ex-jardinier en chef du domaine de Neuilly. Les tomes I, II et III sont en vente ; le IVe et dernier est sous presse. Prix de chaque volume, format petit in-8° à 2 col.—Paris. 10 »

Plantes bulbeuses (*Essai sur la culture générale des*), vulgairement appelées *Oignons à fleurs*, ou Revue des végétaux compris dans les familles des *Iridées*, des *Amaryllidées*, des *Liliacées*, et de quelques familles voisines, par LEMAIRE. In-12 de 392 pages. — Paris. 3 50

Plantes oléagineuses (*Culture des*). Voy. Bibl. rur., pag. 5.

Plantes racines (*Culture des*). Voy. Bibliothèque rurale, p. 6.

Plantoir mécanique (*Culture au*) **et au rayonneur-sarcloir.** *Exposé du système, avantages, résultats,* avec une instruction pratique sur l'emploi des instruments, par H. LE DOCTE, directeur de l'École d'agriculture de Thourout, membre du Conseil administratif de la Société centrale d'agriculture. In-8° avec gravures. — Bruxelles. 1 »

Pomone française (*La*). *Traité de la culture et de la taille des Arbres fruitiers*, suivi d'un *Traité de Physiologie végétale*, par le comte LE LIEUR. 3e édition. In-8° de 592 pages et 15 planches gravées. — Paris. 7 50

Pommes de terre (*Maladie des*), par DECAISNE, membre de l'Académie des sciences, professeur de culture au Jardin des Plantes. In-8° de 136. — Paris. » 75

Préceptes d'agriculture pratique de SCHWERZ, directeur de l'Institution royale d'expériences et d'instruction agricoles de Hohenheim, trad. de l'allemand par P. R. DE SCHAUENBURG, député, cultivateur à Geudertheim. Les 4 parties ou volumes in-8°. — Paris. 19 »

1re partie. — CONNAISSANCE DES TERRES en agriculture, de la température et de ses effets, des amendements, des engrais; préparation des fumiers, leur valeur comparative et leur application. 1839. 5 »

2e partie. — Culture des PLANTES A GRAINS FARINEUX ou Céréales et Plantes à cosses ; assolements, labours, quantité de semence, récolte et son rendement ; de la paille, son rapport avec le grain, ses propriétés comme fourrage pour la nourriture des animaux. 1840. 6 »

3e partie. — Culture des PLANTES FOURRAGÈRES, leur récolte, leur conservation et leurs différents emplois économiques dans l'alimentation des chevaux et du bétail. 1841. 5 »

4e partie. — Culture des PLANTES ÉCONOMIQUES, OLÉAGINEUSES, TEXTILES ET TINCTORIALES, trad. par M. LAVERRIÈRE. 1847, 1 vol. in-8°, fig. 3 50

Sel en agriculture et en horticulture (*Emploi du*), avec des conseils fondés sur l'expérience, par Cuthbert William Johnson. Troisième édition. — Bruxelles. » 50

Semailles à la volée (*Pratique des*), par Pichat, directeur de l'École régionale de la Saulsaie. 2e édition, in-8° de 112 pages et 15 gravures. Paris. 2 »

Taille des arbres fruitiers (*Traité théorique et pratique de la*), par L. De Bavay, propriétaire des pépinières royales de Vilvorde, directeur des Écoles centrales d'horticulture et de la taille; président du Comice agricole du Brabant; membre de la Commission provinciale d'agriculture, etc., etc. 1 vol. in-8° de 185 pages et 10 planches, comprenant 100 fig. — Bruxelles. 3 50

Terrains agricoles (*De la connaissance des*), considérés au point de vue de leur nature et de leur valeur, par le comte de Gasparin, ancien ministre de l'agriculture de France, etc. 1 vol. in-18 de 400 pages. — Bruxelles. 2 »

Édition précédée du tableau officiel pour l'évaluation des immeubles dans toutes les communes de Belgique.

Vaches laitières (*Choix des*). Voy. Bibliothèque rurale, p. 4.

Vigne (*Culture de la*) *et Fabrication des vins*. V. Bibl. rur., p. 5.

Voyage agricole en Belgique, et dans plusieurs départements de la France, par M. Conrad de Gourcy. — Paris. 1849, 1 vol. in-8°. 3 50

Voyage agricole en Belgique, en Hollande et dans plusieurs départements de la France (*Second*), par M. Conrad de Gourcy. — Paris 1850, in-8°. 4 50

Voyage agricole en France, en Allemagne, en Hongrie, en Bohême et en Belgique, par le comte Conrad de Gourcy. (*Extrait du Journal d'Agriculture pratique.*) 1 vol. in-18 de 428 pag. — Paris, 1855. 3 50

Zootechnie. — Traité des maniements *des épreuves, et des moyens de contention et de gouverne qu'on emploie sur les espèces domestiques chevaline, bovine, ovine et porcine,* suivi de *la coupe des animaux de boucherie en France et en Angleterre*, par le docteur Bardonnet des Martels, cultivateur. 1 vol. de 464 pag. et 67 grav. — Paris, 1855. 4 50

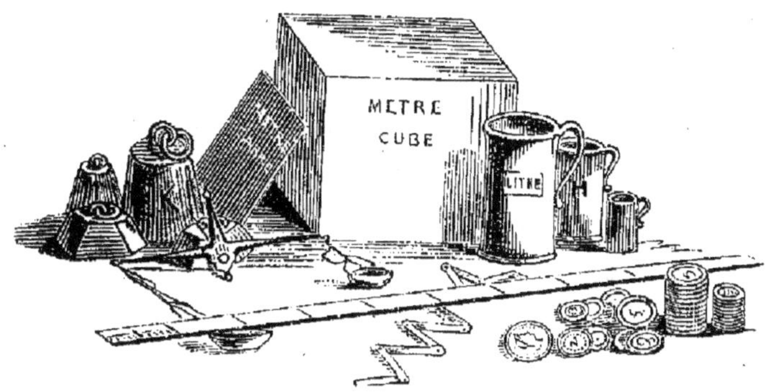

BIBLIOTHÈQUE INDUSTRIELLE,

Instituée par le Gouvernement belge (1).

(Collection de Manuels à l'usage des fabricants et des artisans.)

Manuel de géométrie pratique, comprenant le tracé des figures régulières et la mesure des surfaces et volumes. In-18 de 190 pages et 110 grav. » 50

Ce livre s'adresse spécialement aux personnes qui n'ont pas eu le loisir de se livrer à l'étude théorique de la géométrie : le lecteur y trouvera clairement et méthodiquement coordonnés les principes, les définitions et les méthodes graphiques pour la construction des figures régulières les plus usuelles, et l'exposé des opérations successives dont les formules sont les indications sommaires ; en un mot, tout ce qu'il est nécessaire de connaître lorsque l'on s'occupe de constructions ou d'entreprises industrielles quelconques.

Principes de physique générale (traduit de l'anglais). In-18 de 207 pages. » 70

Cet ouvrage est destiné à initier les industriels aux grands phénomènes de la nature, aux lois qui régissent l'organisation de tous les êtres et aux principes qui servent de base à tous les travaux de l'industrie et des arts. Il est traduit d'un travail anglais du plus haut mérite sous le rapport de la clarté et de la précision.

Manuel de construction. In-18 de 84 pag. et 47 grav. » 25

Ce petit volume renferme les principes les plus essentiels de la statistique et quelques applications aux principales branches *de la construction*. Il ne s'adresse pas seulement aux jeunes gens qui font des études régulières, mais aussi à cette classe *d'adultes* et même d'hommes faits qui, n'ayant pas eu l'occasion de s'instruire dans la jeunesse, sentent aujourd'hui l'utilité des notions scientifiques.

(1) Cette Bibliothèque étant publiée en français et en flamand, on est prié d'indiquer dans les demandes l'édition que l'on désire recevoir

Manuel du tisserand, par Michel Alcan, ingénieur civil, professeur à l'École centrale des arts et manufactures de Paris. In-18 de 72 pages et 17 gravures. » 25

Le petit traité de M. Alcan joint à une clarté rare le mérite d'une grande exactitude. L'auteur fait précéder le tissage de quelques explications sur la filature; elles suffiront pour la connaissance des principes généraux et une appréciation plus précise des opérations qui précèdent le tissage proprement dit. L'auteur, en évitant les développements théoriques, a mis son livre à la portée de toutes les intelligences et a rendu ainsi un grand service à la classe ouvrière.

De la connaissance des métaux, ou le fer, le plomb, l'étain, le zinc et leurs principaux alliages, considérés dans leurs rapports avec l'industrie belge. In-18 de 100 pages et 11 gravures. » 30

Manuel de chimie appliquée, par J. Girardin, professeur de chimie à l'École d'agriculture de Rouen, membre correspondant de l'Institut de France. » 45

L'auteur traite spécialement dans cet ouvrage les industries chimiques proprement dites, c'est-à-dire toutes les opérations pratiquées dans les fabriques pour obtenir les produits nécessaires à nos divers besoins journaliers.

De la charpente, comprenant les assemblages, les poutres armées, les pans de bois, les planchers, les escaliers, les cintres, les ponts, les échafaudages, etc., etc. In-18 de 136 pages et 64 gravures. » 45

De la connaissance des bois employés dans les arts et dans l'industrie, comprenant leurs qualités, leur exploitation et leur conservation. In-18 de 104 pages et 11 grav. » 40

Manuel du serrurier. In-18 de 104 pages et 34 grav. » 40

Cours d'arithmétique élémentaire, par M. Guillery, professeur à l'Université de Bruxelles. In-18 de 80 pages. » 30

Éléments théoriques et pratiques du dessin linéaire, par Toussaint, géomètre-ingénieur, attaché au Ministère de l'Intérieur. — In-18, avec 194 grav. 1 »

MUSÉE POPULAIRE DE BELGIQUE.

Institué par le Gouvernement belge.

Collection de gravures et images coloriées reproduisant les grands hommes de la Belgique, les faits les plus intéressants de l'histoire, les costumes anciens et modernes, les monuments, les arts et métiers, etc.

Format in-folio, papier vélin satiné,

CHAQUE PLANCHE SE VEND SÉPARÉMENT (1).

PUBLIÉES AVEC LÉGENDES EN FRANÇAIS ET EN FLAMAND.

PREMIÈRE SÉRIE.

PREMIÈRE LIVRAISON.

	Centimes.
1 Portrait de Rubens.	20
2 Distribution des drapeaux aux gardes civiques de Belgique.	20
3 Monuments de différents styles.	10
4 Costumes militaires belges (coloriés) (régiment d'élite).	15
5 Le Jardinier.	10
6 Le Menuisier.	10

DEUXIÈME LIVRAISON.

7 Portraits des peintres belges illustres (coloriés). xve siècle.	20
8 Bénédiction des drapeaux devant Jérusalem.	20
9 Monuments de style romano-byzantin.	10
10 Vues pittoresques de la Lesse (coloriées).	20
11 Le Forgeron.	10
12 Costumes militaires belges (coloriés) (régiment des guides).	15

TROISIÈME LIVRAISON.

13 Monuments de style gothique.	10
14 Costumes militaires (garde civique belge). (coloriés).	15
15 Grottes de Belgique (coloriées).	15
16 Portraits de peintres belges illustres (coloriés), vi^e siècle	20
17 Marine (navires) (coloriée).	15
18 Marine (pêche) (coloriée).	15

QUATRIÈME LIVRAISON.

19 Portrait de Louise-Marie d'Orléans, Reine des Belges.	20
20 Portrait de Louise-Marie d'Orléans, Reine des Belges (colorié).	30
21 Costumes civils contemporains belges (coloriés).	20
22 Le Houilleur.	10
23 Marine (pêche de la morue) (coloriée).	15
24 Costumes militaires belges (coloriés) (chasseurs à pied)	15

CINQUIÈME LIVRAISON.

26 Portrait de Léopold Ier, Roi des Belges.	20
27 Portrait de Léopold Ier, Roi des Belges (colorié).	30
28 Le Boulanger.	10
29 La Laiterie.	15
30 Monuments de style byzantin.	10
31 *Ecce Homo.*	20
32 Châteaux anciens.	10

SIXIÈME LIVRAISON.

33 Portrait de Charles V.	20
34 » de Grétry.	20
35 Costumes popul. du xvie siècle (coloriés).	20
36 Costumes militaires belges (coloriés) artillerie à cheval.	15
37 Ruines de l'abbaye de Villers.	20
38 Légende de St-Hubert.	20

SEPTIÈME LIVRAISON.

39 La Vierge et l'enfant Jésus.	20
40 Costumes popul. du xve siècle (coloriés).	20
41 Bons mots et Facéties de Charles V.	20
42 Portraits des Mucisiens belges célèbres (coloriés).	20
43 Ruines de l'abbaye de St-Bavon, à Gand.	20
44 Costumes belges contemporains (coloriés).	20

(1) Pour les demandes, il suffit d'indiquer les numéros.

HUITIÈME LIVRAISON.

45 Portrait de Philippe le Bon. 20
46 Vues du vieux Bruxelles, en noir 15 cent. (colorié). 20
47 Uniformes des cavaliers des Pays-Bas pendant les guerres contre l'Espagne (coloriés). 20
48 Le tisserand. 10
49 Petite ferme et cottages modèles 15
50 Bateaux de canaux et rivières (coloriés). 15

NEUVIÈME LIVRAISON.

51 Portraits des peintres belges célèbres XVIIe siècle. 20
52 Uniformes de l'infanterie pendant les guerres des Pays-Bas contre l'Espagne. 20
53 Le Christ en croix (Van Dyck). 20
54 La Bergerie. 20
55 Tableau du système métrique, en noir : 15 cent. (colorié). 25

DIXIÈME LIVRAISON.

56 Les différentes races de chevaux du pays. 20
57 L'Industrie des neuf provinces. 20
58 Les Gantois et les Liégeois fraternisant (XIVe siècle). 20
59 Le Brasseur. 10
60 Les Ruines de l'abbaye de Cambron, noir : 15 cent. (coloriées) 25
61 Le Portrait du Roi et du duc de Brabant (médaillon). 30
62 Les Douze-Apôtres, noir : 15 cent. (coloriés). 25

ONZIÈME LIVRAISON.

63 Les trois branches du Pouvoir Législatif. 20
64 Monuments et vues de Bruges. 20
65 Les différentes races de Poules 15
66 Uniformes des cavaliers du XVIe siècle (coloriés). 20
67 Calendrier de l'immaculée conception pour 1856 (colorié à la presse). 30

BIBLIOTHÈQUE DES ÉCOLES.

Format identique grand in-18.

Lectures graduées, à l'usage des écoles primaires, par M. Dupont; 19e édition (approuvée par la Commission centrale de l'instruct. primaire). 1re et 2e parties. » 60

Grammaire française, par M. Marchand, professeur à l'Athénée de Bruxelles, revue par M. Baron, professeur à l'Université de Liége. 1 vol. cart. 1 »

Éléments d'arithmétique, par M. Marchand, professeur à l'Athénée de Bruxelles. 3e édit., 1 vol. » 70

Cours d'arithmétique élémentaire, par M. Guillery, professeur à l'Athénée de Bruxelles. 1 vol. » 30

Exercices d'arithmétique (problèmes) pour les écoles primaires, par Th. Derive, instituteur. (Approuvé par la Commission centrale de l'instruction primaire.) » 30

Opérations d'arithmétique sur un plan nouveau, par TH. DERIVE, instituteur. 1 vol. » 20

Éléments de géographie, par M. MARCHAND, professeur à l'Athénée de Bruxelles. 1 vol. 1 25

Géométrie pratique, par M. KINDT, professeur à l'Athénée de Bruxelles. 1 vol. avec 110 pl. grav. » 50

Principes de physique générale, trad. de l'anglais. 1 vol. avec 36 grav. » 70

Manuel de chimie appliquée, par M. GIRARDIN, professeur, membre de l'Institut de France. 1 vol. avec 37 grav. » 45

Manuel pratique d'hygiène publique et privée, *à l'usage des écoles,* par M. SOVET, médecin de la Maison du Roi. 1 vol. de 250 pages avec gravures. » 75

Notions pratiques des sciences naturelles appliquées aux usages de la vie, par Mme GATTI DE GAMOND, inspectrice des écoles primaires de filles. 1 vol. 1 25

La Bible de l'enfance, ou *Histoire abrégée de l'Ancien et du Nouveau Testament,* racontée aux enfants, par M. MARTIN DE NOIRLIEU, curé de St-Louis. (Approuvé par la Commission centrale de l'instruction primaire.) 1 vol. cart. » 45

Récits historiques belges, *lectures à l'usage de la jeunesse,* par AD. SIRET, membre correspondant de l'Académie. (Ouvrage récompensé par le Roi et encouragé par le Gouvernement.) Un beau vol. de 526 pag. avec couverture glacée. 2 50

Les Gloires populaires, *nouvelles historiques destinées à la jeunesse,* par AD SIRET. Un joli volume in-18 avec couverture glacée. 1 »

Ce livre comprend les biographies dramatiques de Godefroid de Bouillon, André Vésale, P. P. Rubens, le chanoine Triest, Louise-Marie d'Orléans, reine des Belges. Chaque biographie est accompagnée d'une jolie gravure. L'ouvrage est terminé par le poëme sur la mort de la reine, pour lequel M. Siret a été couronné par l'Académie.

Éléments théoriques et pratiques de dessin linéaire, par TOUSSAINT, géomètre-ingénieur, attaché au Département de l'Intérieur. (Ouvrage adopté définitivement par la Commission centrale de l'instruction primaire). Un vol. avec 194 gravures. 1 »

Annuaire de l'instruction publique de Belgique, contenant le personnel du corps enseignant dans ses divers degrés et la législation sur chaque branche d'enseignement. 1 vol. grand in-8°. 1 50

Dictionnaire universel du commerce, de la banque, des manufactures et des marchandises, contenant l'état actuel du commerce et de l'industrie de toutes les nations commerçantes et des principales villes de commerce dans toutes les parties du monde; les importations, les exportations, les produits naturels et industriels de chaque pays, les qualités des marchandises, les fraudes qui se commettent dans leur vente; le tout d'après des documents authentiques et officiels, par Ardoin, Blanqui aîné, Jules Burat, Dussard, Cunin-Gridaine, le baron Charles Dupin, Foucqueron, L. Galibert, H. Guillemot, Jacques Laffitte, Parisot, Horace Say, et beaucoup d'autres négociants, manufacturiers, économistes et banquiers. 2e édition, augmentée de tout ce que Mac-Culloch offre de plus instructif sur le commerce et la navigation. 2 forts volumes; prix, au lieu de 25 francs : 20 »

ALMANACH ROYAL OFFICIEL

DE BELGIQUE,

PUBLIÉ

chaque année depuis 1840, en exécution d'un arrêté du Roi et avec le concours du Gouvernement,

PAR H. TARLIER.

ANNÉE COURANTE.

Un fort volume grand in-8°, prix : 10 francs

Pour paraître prochainement :

ALMANACH
DU
COMMERCE ET DE L'INDUSTRIE
DE BELGIQUE,

publié
avec le concours du Gouvernement et de toutes les administrations communales,

PAR H. TARLIER,

Rédacteur de l'ALMANACH ROYAL OFFICIEL.

3me édition, année 1856,

QUI CONTIENDRA PLUS DE 100,000 ADRESSES

de tous les

PRINCIPAUX COMMERÇANTS DU ROYAUME.

COMPRENDRA :

Le tarif le plus récent des douanes de Belgique, de France, d'Allemagne, de Hollande, d'Angleterre, etc., etc.; le tarif des chemins de fer et télégraphes; les taxes d'affranchissements de lettres pour la Belgique et tous les pays étrangers; sera accompagné de *la liste complète, et recueillie d'après un recensement tout nouveau, des habitants de Bruxelles et des faubourgs classés : 1° par ordre alphabétique de* NOMS *et* PRÉNOMS; 2° *par ordre alphabétique de* PROFESSIONS; 3° *par ordre alphabétique de* RUES ET NUMÉROS DE MAISONS *(ce dernier classement n'a jamais été publié)*, et sera terminé par *une table des industries, indiquant en regard de chacune les communes du royaume où elles sont exercées.*

Cette édition formera un volume grand in-8° d'environ 1,000 pages.

Prix : 10 *francs.*

OUVRAGES DIVERS.

Liste alphabétique des communes de la Belgique, conforme à l'orthographe officielle, indiquant les 22 circonscriptions territoriales auxquelles ressortit chaque commune ; publiée par H. TARLIER. (Ouvrage adopté par les administrations publiques.) 1 volume grand in-8°. 5 »

Code constitutionnel de la Belgique, comprenant la CONSTITUTION, les LOIS ÉLECTORALES, la LOI PROVINCIALE et la LOI COMMUNALE, expliquées par leurs motifs, par des exemples et par les décisions administratives et judiciaires, avec la solution, sous chaque article, des difficultés et des principales questions que présente le texte. 1 beau vol. in-8° de plus de 400 pages. 5 »

Code administratif et financier de la Belgique, contenant les lois et règlements : 1° SUR LA COMPTABILITÉ ; 2° SUR LES PENSIONS CIVILES, ECCLÉSIASTIQUES ET MILITAIRES ; 3° SUR L'ORGANISATION DES DÉPARTEMENTS MINISTÉRIELS ET DES DIVERS SERVICES ADMINISTRATIFS ET JUDICIAIRES. 5e édition (1854), complète jusqu'à ce jour. 1 volume grand in-8°. 5 »

Commentaire sur la police d'assurance maritime d'Anvers, précédé d'un exposé des principes généraux, du contrat d'assurance maritime, par F. G. HAGHE, avocat, et FL. CRUYSMANS, courtier d'assurance à Anvers. Un vol. in-8°. 5 »

Manuel de statistique universelle, précédé d'une introduction théorique sur cette science, par M. HEUSCHLING, directeur au Ministère de l'Intérieur, présentant la description de tous les pays, etc., etc. 1 volume in-8°, papier vélin, de 550 pages. 7 »

Tarif général des douanes de Belgique, des Pays-Bas, d'Angleterre et d'Allemagne, publié par H. TARLIER. 1 vol. gr. in-8°. 4 »

Histoire politique du règne de l'empereur Charles-Quint, avec un résumé des événements précurseurs depuis le mariage de Maximilien d'Autriche et de Marie de Bourgogne, par le chevalier MARCHAL, conservateur des manuscrits de la Bibliothèque royale (ancienne Bibliothèque de Bourgogne), membre de l'Académie royale de Belgique, etc., etc., et E. MARCHAL fils, attaché au secrétariat de l'Académie; un beau volume grand in-8°, papier vélin (orné du portrait de Charles-Quint). 8 livraisons à 1 50

Abrégé de géographie, rédigé sur un nouveau plan, par ADRIEN BALBI; ouvrage approuvé par l'Université de France. 3e édition, revue et considérablement augmentée par l'auteur. 1 vol. in-8° de plus de 1,000 pages à 2 colonnes. Au lieu de 15 fr. prix : 10 »

Nouveau système du monde, ou *les premières forces de la nature*, par Eug. LAVAUX, un vol. in-18. » 50

Conseils à l'émigrant aux États-Unis de l'Amérique du Nord, par VICTOR VAN HAM, chef de bureau au Ministère de l'Intérieur. In-18 de 100 pages, accompagné d'une carte détaillée de l'Amérique du Nord. 1 »

Loi organique de l'enseignement supérieur du 27 septembre 1835, modifiée par la loi du 15 juillet 1849. In-32. » 25

Projet de loi concernant les jurys d'examen. — Observations critiques par le docteur JULES TARLIER, professeur ordinaire à la faculté des lettres de l'Université de Bruxelles. In-18. » 75

De la propriété littéraire en Belgique et en France, recueil des actes officiels qui y ont rapport. In-8°. » 75

Liste officielle des membres de l'ordre Léopold, depuis son institution jusqu'au 1er janvier 1854. In-8°. 3 »

Récits historiques belges, par ADOLPHE SIRET, 2e édition, format in-8°, imprimée avec caractères neufs sur papier vélin; ornée de 50 magnifiques gravures. 7 »

LISTE ALPHABÉTIQUE

DES NOMS D'AUTEURS.

BRUXELLES. — TYP. DE J. VANBUGGENHOUDT,
Rue de Schaerbeek, 12.

Bibliothèque rurale,

Instituée par le Gouvernement belge.

Ouvrages publiés en francais et en flamand, format in-18.

ALMANACH DES AGRICULTEURS, pour 1854.	1	»
MANUEL DE CULTURE, par M. Le Docte. Un vol. avec 30 grav.		80
EMPLOI DE LA CHAUX EN AGRICULTURE. Un vol.		20
MANUEL DE COMPTABILITÉ AGRICOLE. Un vol.		40
MANUEL D'ARBORICULTURE. Deux vol. avec 205 pl. grav.	1	55
MANUEL DE DRAINAGE, traduit de l'anglais de Stephens. Un vol. avec 88 planches gravées.	1	10
MANUEL DE CHIMIE AGRICOLE. Un vol. avec pl. grav.	1	25
MANUEL D'IRRIGATION. Un vol. avec 100 pl. grav.		60
CHOIX DES VACHES LAITIÈRES. Un vol. avec planches.		40
MANUEL DU MARÉCHAL FERRANT. Un vol. avec 20 pl. grav.		30
MANUEL D'HYGIÈNE. Un vol. avec pl. grav.		75
MANUEL FORESTIER. Un vol. avec pl. grav.		30
TRAITÉ DES ENGRAIS ET AMENDEMENTS. Un vol. avec grav.		55
TRAITÉ DES INSTRUMENTS D'AGRICULTURE. Un vol. avec 95 grav.		90
DE LA CULTURE DES PLANTES OLÉAGINEUSES. Un vol. avec gr.		35
MANUEL DE MÉDECINE VÉTÉRINAIRE. Un vol. avec grav.. (1re part.)		55
LES INSTRUMENTS D'AGRICULTURE A L'EXPOSITION DE LONDRES. Un volume avec 45 gravures.		55
CULTURE DE LA VIGNE ET FABRICATION DES VINS EN BELGIQUE, par Joigneaux, auteur du *Dictionnaire d'Agricult.* Un vol.		30
MANUEL DE CULTURE MARAICHÈRE. Deux vol. avec 58 grav.	1	90
CULTURE DU MURIER ET DES VERS A SOIE. Un vol. avec 45 grav.	1	»
TRAITÉ DE DRAINAGE, ou assainissement des terres humides, par Leclerc, sous-ingénieur, chef du service de drainage en Belgique. Un v. avec 127 gr.	2	»
TRAITÉ DE LA CULTURE DES PLANTES-RACINES. Un v. avec 24 gr.		90
CULTURE DES ARBRES FRUITIERS, par Joigneaux. Un v. avec 14 gr.		50
MANUEL DES CONSTRUCTIONS RURALES, par H. Duvinage, architecte attaché à la Maison du Roi. Un vol. avec 197 gravures.	3	»
TRAITÉ DES GRAMINÉES, CÉRÉALES ET PLANTES FOURRAGÈRES, ETC., par M. De Moor. Un vol. in-18, avec 205 gravures.		
TRAITÉ D'ARPENTAGE ET DE NIVELLEMENT. Un vol. avec grav.	1	50
OISEAUX DE BASSE-COUR. Un vol. avec planches.	1	»
CULTURE DU LIN ET ROUISSAGE, Un vol.	»	75
MÉDECIN DES CAMPAGNES. Un vol. de 350 pages.	2	»

Bibliothèque industrielle,

Instituée par le Gouvernement belge.

Ouvrages publiés en français et en flamand, format in-18.

GÉOMÉTRIE PRATIQUE. Un volume avec 110 gravures.	50
PRINCIPES DE PHYSIQUE. Un volume avec 36 gravures.	70
TRAITÉ DE CONSTRUCTION. Un volume avec 46 gravures.	25
MANUEL DU TISSERAND. Un vol. avec 17 planches grav.	25
DE LA CONNAISSANCE DES MÉTAUX. Un vol avec 11 planches grav.	30
MANUEL DE CHIMIE APPLIQUÉE. Un vol. avec 37 planches grav.	45
DE LA CHARPENTE. Un vol. avec 64 planches grav.	45
DE LA CONNAISSANCE DES BOIS. Un vol. avec 11 planches grav.	40
MANUEL DU SERRURIER. Un vol. avec 34 planches grav.	40
ÉLÉMENTS D'ARITHMÉTIQUE. Un volume.	30
ÉLÉMENTS DE DESSIN LINÉAIRE. Un vol. avec 60 grav.	30

www.ingramcontent.com/pod-product-compliance
Lightning Source LLC
LaVergne TN
LVHW020030170826
845678LV00001B/205

* 9 7 8 2 3 2 9 7 3 2 1 2 1 *